세계의 지속가능한 도시주거

세계의
지속가능한
도시주거

Planning for Sustainable Communities in the World

바로여니

세계의
지속가능한 도시주거

지 은 이	이규인
펴 낸 이	김선문
편집기획	김관중
디 자 인	박민영+진성민
일러스트	김관중+이동훈
펴 낸 곳	도서출판 발언
주 소	130-823 서울 동대문구 용두동 138-41 두산베어스타워 203-1호
출판등록	1993년 6월 1일 제 6-0275호
대표전화	02)929-3546
팩 스	02)929-3548
1판 1쇄	2004년 12월 20일
ISBN	89-7763-060-6 93610

값 18,000 원

Planning for
Sustainable Communities in the World

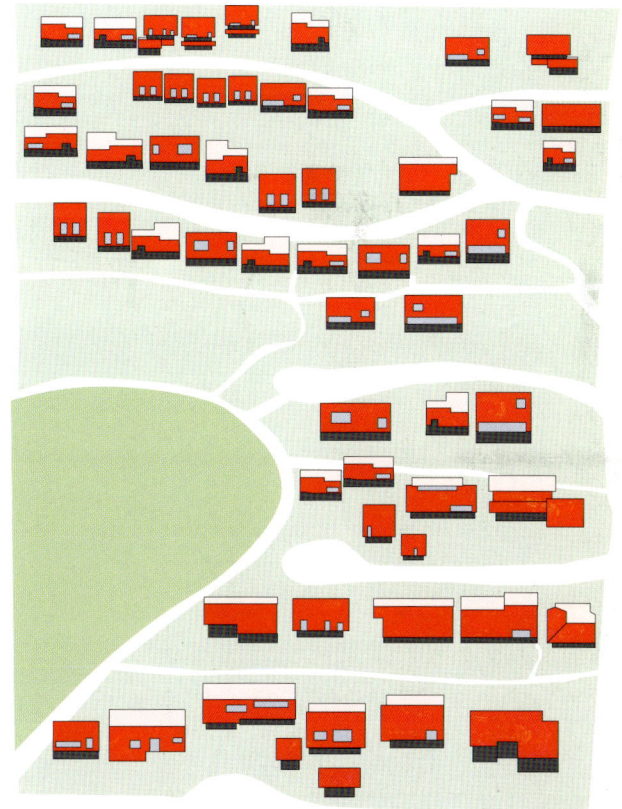

Contents
목 차

1 비키 생태주거지역, 헬싱키, 핀란드 10
Viikki Ecological Residential Area, Helsinki, Finland

2 BO01 주택전시회, 말뫼, 스웨덴 34
Green City BO01, Malmö, Sweden

3 하마비 허스타드, 스톡홀름, 스웨덴 54
Hammarby Sjostad, Stockholm, Sweden

4 프레덴스가데, 콜딩, 덴마크 68
Fredensegade, Kolding, Denmark

5 클로스터랭가, 오슬로, 노르웨이 80
Klosterenga, Oslo, Norway

6 킬-하세 생태주거단지, 킬, 독일 94
Kiel-Hassee Ecological Housing Estate, Kiel, Germany

7 파운드베리, 돌체스터, 돌셋, 영국 106
Poundbury, Dorchester, Dorset, UK

8 빌리지홈스, 데이비스, 미국 120
Village Homes, Davis, USA

9 라구나웨스트, 새크라멘토, 미국 152
Laguna West, Sacrament, USA

Foreword
책을 펼치며

오늘날 세계적으로 환경친화적이고 지속가능한 코뮤니티 실현에 대한 열망이 증폭되고 가고 있다. 지속가능한 커뮤니티는 사회적으로 통합되고, 경제적으로 활력이 있으며, 환경적으로 건전한 공동체를 의미한다.
이러한 지속가능한 공동체를 실현하기 위하여 선진 각국은 시범단지의 조성 등 많은 노력을 기울이고 있으며, 우리 나라에서도 지속가능한 개발의 개념이 도시주거 개발분야에 활발하게 접목되고 가고 있다.
지속가능한 커뮤니티는 최근 우리나라에 조성되고 있는 신도시 등의 도시개발, 환경친화 주택단지조성, 전원주택단지의 개발 등에 좋은 아이디어를 제공할 수 있다.

이 책은 저자가 수년간 세계적으로 검증된 지속가능한 커뮤니티를 조사하면서 얻은 자료와 이미지를 체계적으로 정리한 결산물이다. 그동안 다양한 시행착오를 거치며 엄선된 사례이니만큼 지속가능한 커뮤니티 계획에서는 세계적인 수준이라고 보아도 무방할 것이다.

이 책을 통하여 관련분야의 전문가에게는 연구개발, 설계행위에 영감을 제공하고, 학생 등 예비 전문가들에게는 미래의 도시주거환경에 대한 목표설정을 하는데 도움이 된다면 큰 영광일 것이다. 그리고 일반인들에게도 지속가능한 커뮤니티에 대한 관심이 높아져 우리 나라에서 지속가능한 커뮤니티의 실현을 앞당기게 된다면 더한 기쁨이 없겠다.

조사와 자료제공에 협조해주신 각 기관의 관계자와 인터뷰에 응해 주신 각 단지의 주민여러분들께도 이 자리를 빌어 감사의 말씀을 드리고 싶다.
또한 같이 공부하고 조사한 아주대학교 지속가능한 도시건축 연구실의 대학원 학생들과 학부학생들에게 고마움을 전하며, 책을 흔쾌하게 출간해준 김선문 사장님께도 감사의 마음을 표한다.

마지막으로 천학비재한 필자의 탓으로 이책에는 많은 오류와 실수가 있을 것으로 사료되는 바 독자제현의 너그러운 이해와 날카로운 비판을 부탁드리는 바이다.

LATOKARTANO Viikki Newtown, Helsinki, Finland
Latokartano 생태주거단지, 비키, 헬싱키

VIIKKI, Helsinki
Finland

비키신도시 배치도

위치 | Viikki, Helsinki, Finland

건축주 | The City of Helsinki, TEKES, SAFA, Ministry of the Environment

건설기간 | 1999-2010

개발면적 | 1,132ha

거주예상인구 | 17,500인

건축연면적 | 1,080,000m^2

비키신도시

비키신도시는 헬싱키의 중심에서 8km 떨어진 곳에 위치하고 있다. Ring Road 1과 Lahti 고속도로에 인접한 지역으로 매우 좋은 접근성을 갖고 있다. 비키지역은 중세 때부터 경작지가 있었고 계곡은 수풀과 절벽으로 둘러싸여 있으며, 자연과 함께하는 여가시설이 산재해 있었다.

비키의 개발목표는 자연환경이 뛰어난 지역에 첨단 과학기술도시를 설립하고 환경친화적인 주거복합도시를 실현하는 것이다.

사이언스 파크와 대학캠퍼스가 계획되었고, 생태적으로 지속가능한 건설이 시도되고 있다. 비키는 문화적이고 역사적인 경관이 풍부한 자연보전지역에 입지해 있어 자연자원의 보전이 중요한 이슈였다. 결과적으로 1,132ha중 800ha가 자연숲과 공원, 여가활동 지역으로 보존되었다.

비키는 헬싱키에서 급성장하는 새로운 대학도시이다. 비키의 중심에는 헬싱키대학교 바이오 관련대학과 사이언스 파크가 위치해 있고, 다양한 학술적인 시설들이 유치되어 있다. 비키의 대학캠퍼스에는 수백의 연구자와 6,000여명의 학생이 입주할 것이며, 6,000개의 고용이 발생할 것으로 계획되어 있다.

사이언스 파크

사이언스 파크는 비키신도시의 아이덴티티이다. 이곳의 테마는 생명과학과 생명공학으로 헬싱키대학의 생명과학, 농업, 임업, 환경, 식품에 이르는 전공분야들이 입주해 있다. 가장 먼저 바이오센터가 1995년에 건설되었고, 1999년에 인포센터와 비즈니스 인큐베이터가 완공되었다. 2000년에는 가드니아(Gardenia), 환경센터(Environment center), 자연학교(Nature school), 비즈니스센터(Business center)가 설립되었고, 2001년에 제3바이오센터가 문을 열었다.

또한 새로운 지역상업센터가 현재 사이언스 파크에 인접하여 건설중이다. 중심에는 근린상가와 전문상점, 호텔과 함께 업무시설 등이 들어설 것이다.

지역계획

지역계획은 ECO 커뮤니티 프로그램과의 협업을 통해 헬싱키시가 주최한 두개의 디자인 현상설계의 결과에 기초하고 있다. Eco-area의 지역센터는 Kevattori에 위치해 있다. Club House와 일반상점, 그리고 다용도의 대지가 건너편 광장에 조성될 예정이다. Kevatkatu에는 주 재정으로 운영되는 유치원과 고등학교, 지속가능한 개발 데이케어 센터가 들어설 예정이다. 스포츠와 외부 레크리에이션을 위한 많은 공간이 공원지역과 주거지 주변에서 제공될 것이다.

사이언스파크 전경

인포센터 경관

비키의 녹지 및 공원계획

공동텃밭

비키의 공원계획은 전통적이고, 개방적인 농장의 경관을 지향하고 있다. 지구내 하천, 숲 등 기존자연자원의 보전을 최우선으로 하는 생태적인 내용과 경관을 중요시 하였으며, 종다양성과 생물서식지로서의 기능을 확보할 수 있도록 노력하였다. 또한, 비키지구내 250ha에 달하는 농장과 조류서식지를 보존하였다. 아울러 Vikkinoja 실개천 주변을 생태공원화 하였으며, 지표수의 이용과 이들의 자연유하 및 침투계획이 수립되었다. 한편, 친수공간조성을 위한 인공실개천이 조성되었으며, 가든센터인 Helsinki-Gardenia가 설립되었다.

가드니아 내부모습

가드니아 외부

Latokartano 생태주거지역

Latokartano 지역에는 12,000명을 위한 주택, 업무시설, 기타 편익시설이 들어설 계획이다.

1999년 봄 핀란드의 첫번째 도시 생태지역 비키에 주택건설이 시작되었다. 약 1,700세대규모의 건물이 생태적인 주거지로 개발중이다. 생태주거단지의 주거환경은 건물과 자연이 공존하는 것으로 어디를 둘러보아도 생태적인 경관이 충일하게 하는 것과 여러 가지 생태관련기술을 건물과 외부공간에 실현하는 것이다. 건물은 주로 중저층의 연립주택, 아파트와 단독주택으로 이루어져 있다. 분양주택이외에도 상당수의 임대주택이 건설되고 있다. 대부분의 건물이 작은 스케일의 마당길과 공원으로부터 뻗어나온 green finger에 면한다. 또한, 핀란드의 환경친화평가기준인 Pimwag를 기준으로 설계되어 친환경성을 담보하고 있다고 볼 수 있다.

대부분의 주택에는 온실이 부착되어 태양열의 이용을 도모하고 있으며, 태양전지 등을 이용한 적극적인 태양광발전도 실험중이다. 그린핑거시스템(Green Finger System)에 의해 주거동의 측면까지 관입한 녹지에는 우수를 활용한 종합 경작지가 계획되어 있어 커뮤니티 가든으로서의 역할을 톡톡히 해내고 있다.

Latokartano 주거단지 배치도

Green Finger의 모습

Sustainable Planning Elements

지속가능한 계획요소

사회적 혼합

비키주거지역에는 분양주택, 임대주택, 토지비 부담을 줄여주기 위한 점유권 소유주택 등 주택 소유형태를 다양하게 혼합하여 사회적 혼합을 꾀했다.
한편, 다양한 계층의 혼합을 위하여 1베드룸에서 6베드룸까지 다양한 규모로 주택을 건설하였으며, 생애주기에 따라 변경가능한 융통형 주거계획을 시도하고 있다.

토지이용 및 교통계획

자연보호를 최우선적 목표로 설정하고 경작지의 일부분을 보존하여 입주자들이 체험할 수 있는 공동텃밭 등 환경친화적 교류학습장으로 활용하였다.
또한, 지구내 차량이용을 최대한 억제하고 자전거나 도보 위주의 녹색교통시스템을 계획하였으며, 차량주차장은 주거단지의 진입부나 외각에 배치하여 블록내로의 차량진입을 최대한 억제하였다. 아울러 경사지를 이용하여 주차타워 등을 계획하여 가능한 많은 보행친화공간을 형성하였다.

다양한 소유관계의 혼합

경사를 이용한 주차장 계획

보행친화적 공간계획

주거단지 외곽을 흐르는 자연형 실개천

녹지 및 오픈스페이스 계획

우선 비키는 생산녹지와 함께 그 주변의 자연수림을 보존하고, 다양한 농업과 거주자들을 위한 과수농업을 지속할 수 있도록 계획함으로써 생태적이면서도 실용적인 녹지계획을 수립하였다.

또한 비키지역의 광역녹지체계를 주거동 인근까지 연결시키는 Green Finger System을 조성하였다. 즉, 단지내 Green Finger는 비오톱과 광역자연녹지와 체계적으로 연결되도록 유기적인 체계를 구축하였다. 또한 녹지와 놀이터, 수공간, 빨래터 등 생활공간과 녹지공간을 통합적으로 계획하여 복합적 생태공간을 실현하였다는 점에서 높은 평가를 받고 있다. 또한, 주거지역을 관통하도록 되어 있던 Viikkinoja 실개천을 주거지의 외곽과 생태공원 사이로 흐르도록 흐름을 변경하여 이곳을 공원과의 경계로 삼는 동시에 생태공원으로서의 역할을 하도록 하였다.

수자원 계획

공원을 따라 흐르는 물줄기와 연못을 이용하여 자연정화를 시도하고 있으며, 중수의 재사용을 위하여 재처리시스템을 구축하였다. 아울러 우수는 비축해 두었다가 정원수, 농경수 등으로 재활용하고 있다. 수공간 주변은 갈대 등 수생식물이 우거져 비키의 주거지역을 더욱 생태적인 경관으로 돋보이게 한다.

생태적인 단지내 중정공간

생태공원내 습지와 데크 관찰로

텃밭의 우수활용시설과 퇴비화 시설

주거단지의 통합학교 전경

에너지절약 계획

비키 생태주거지역의 3분의 2세대에 태양열 활용시스템이 구축되었다. 겨울철의 패시브 솔라 이용 전략으로써 유리온실계획을 철저하게 계획하였고, 에너지 절약형 HVAC를 설치하였다. 또한, 기후 디자인을 통한 열손실 감소를 도모하고 있으며, 저온 난방 시스템과 각 층에 계량기와 온도조절기를 분리하여 에너지를 절약하고 있다.

태양열 이용을 위한 부착온실

기존주택과 비키의 에너지 절약주택의 비교

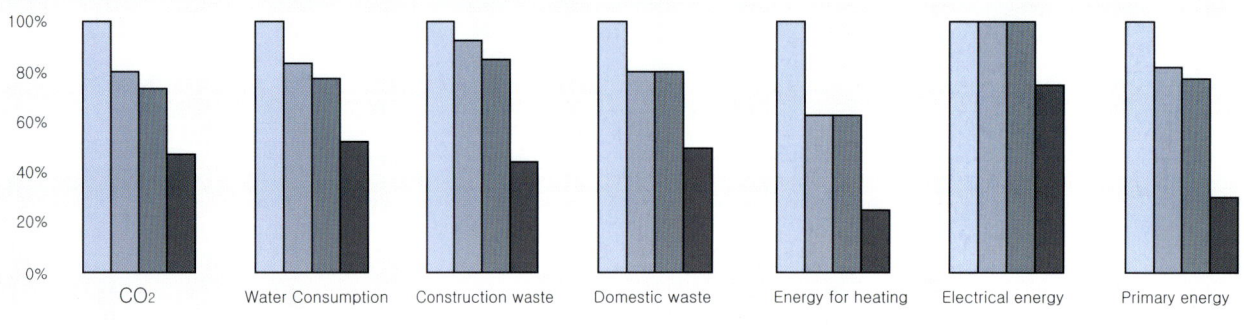

커뮤니티 계획

Green Finger로 생태적인 주거공동체를 시도하고 있으며, 300m²의 클럽하우스 등 바닥면적의 2%를 서비스 시설 및 커뮤니티 시설로 계획하고 물리적인 커뮤니티 인프라(창고, 쓰레기 처리장, 관리소, 세탁소, 사우나)의 공동이용 및 관리를 통해 공동체 활성화를 도모하고 있다. 아울러, 소작업장과 상업단지를 주택단지 내에 건설하였다.
생태공원 주변에는 주말농장과 공동텃밭이 조성되어 주민들의 모임과 교류에 근거지로서의 역할을 하고 있다.

주민의견 수렴센터의 홍보물

태양열 난방 프로젝트

이 프로젝트의 목적은 건물과 통합된 태양열 난방시스템을 개발하는 것이다. 즉, 솔라콜렉터가 빌딩의 스킨과 결합되고, 태양열 디자인과 구조계획이 통합되는 것이다. 비키지역의 380세대, 1,246m^2의 면적에 솔라콜렉터가 설치되어 있으며 년간 난방수요의 13%를 이 시스템으로 해결할 수 있다.

에코포인트(eco-point)

이 지역에 건설되는 건물들은 에코포인트 시스템에 의해 지속가능성을 평가받는다. 각 평가항목별로 평가기준에 의해 포인트를 받게 되며 이의 합산에 의해 빌딩들의 등급이 매겨진다. 최근까지 지어진 건물들은 9.5에서 17.3까지의 에코포인트를 받았다.
전통적인 건물과 비교할 때 난방에너지는 절반정도, 수자원은 3분의 1정도가 절약되고 있다. 향후 50년간의 지속적인 노력으로 CO_2의 절반, 폐기물의 절반감량을 목표하고 있다.

태양열 난방 시범 프로젝트 지구

에코포인트 평가시스템

분야	세부항목	점수	내용	분야	세부항목	점수	내용
Pollution	CO_2	Minimum / 1 / 2	3,200kg/m³ / 2,700kg/m³ / 2,200kg/m³	Health	Interior climate	Minimum / 2	SI Interior climate, class 2 / PL Purity, Class 1 / ML Purity of finishing materials, class 2 / SI Interior climate, class 1 / ML Purity of finishing materials, class 1
	Waste Water	Minimum / 1 / 2	125 ℓ/resident/day / 105 ℓ/resident/day / 85 ℓ/resident/day		Management of moisture risks	Minimum / 2	Conventional adequate solution / Moisture risks are well undercontrol
	Construction site waste	Minimum / 1 / 2	18kg/m³ / 15kg/m³ / 10kg/m³		Noise	Minimum / 1 / 2	No addtional requirements / New norms under preparation / Noise insulation clearly exceeds above norms
	Waste produced by resident	Minimum / 1 / 2	160kg/resident / 140kg/resident / 120kg/resident		Exposure of site to wind and sun	Minimum / 1	Adequate solution / Excellent solution
	Eco labels	Minimum / 1 / 2	No requirement / Floor covering and glues, or interior paints and lacquers fulfilling criteria / Floor covering and glues, and interior paints and lacquers fulfilling criteria		Alternative floor plans	Minimum / 1 / 2	Conventional solution / 15% of apartments with alternative solution / 30% of apartments with alternative solution
Natural Resources	purchased heating energy	Minimum / 1 / 2	105kWh/m² / 85kWh/m² / 65kWh/m²	Natural Biodiversity	Plants selections end natural vegetation types	Minimum / 1 / 2	Plants selections based on identified vegetation type / Plentitude of species and their multiple layers characterize the vagetation / Garden design has created new vegetation types that increase natural diversity
	purchased electrical energy	Minimum / 1 / 2	45kWh/m² / 40kWh/m² / 35kWh/m²		Storm water	Minimum / 1 / 2	Conventional adequate solution / Only the water from the building foundations' drainage system is discharged / Rainwater is used to create an enriched ecosystem
	primary energy	Minimum / 1 / 2	30GJ/m² / 25GJ/m² / 20GJ/m²	Food Production	Planting	Minimum / 1 / 2	Conventional solution / One third of planted bushes and trees are useful plants / Residents are given good opportunities to cultivate plants themselves
	Floor plan flexibility, common space use, and multifuntionality of spaces	Minimum / 1 / 2	Conventional solution / 15% of apartments flexible or housing functions concentrated in common spaces / 15% of apartments flexible or housing functions concentrated in common spaces and multipurpose spaces designed for building		Topsoil	Minimum / 1	The site's topsoil os used in the Viikki area / The site's topsoil is used on the site

SUNH
(Solar Urban New Housing)

개발자	City of Helsinki, Housing Production Bureau
건축가	Arrak, consulting architects
연면적	4,000m²
주택유형	44 시영임대주택
준공시기	2000년
에코포인트	14.3

SUNH 프로젝트

이 프로젝트는 하나의 블록을 이루는 중층 아파트와 2채의 테라스 하우스로 이루어져 있다. 평균 주택규모는 80m²이다. 각 세대는 남향 유리온실 발코니가 계획되었다.

이 프로젝트는 EU가 후원하는 'Solar Urban New Housing' 프로젝트의 일부로서 혁신적인 에너지절약기술을 창출하는 것이 목적이다. 이를 위하여 고기밀, 고단열 기술과 패시브 디자인과 기계장치에 의한 태양에너지의 이용 등 다양한 기술이 실험되었다.

에너지 절약기술 이외에도 평면의 융통성, 단지내 경작시스템, 생태적인 주거환경 등도 추구된 주제였다.

SUNH 배치도

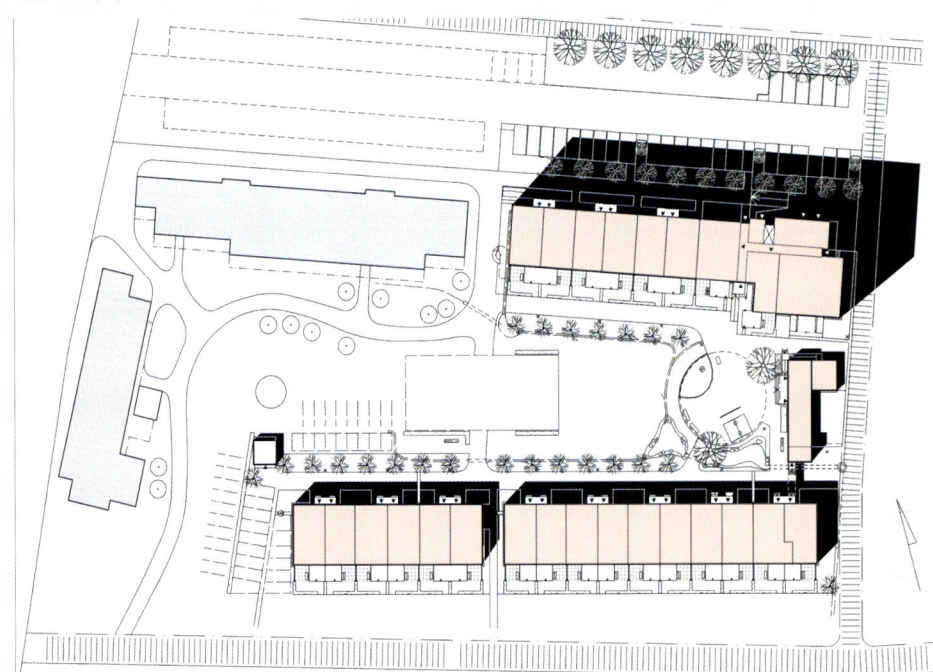

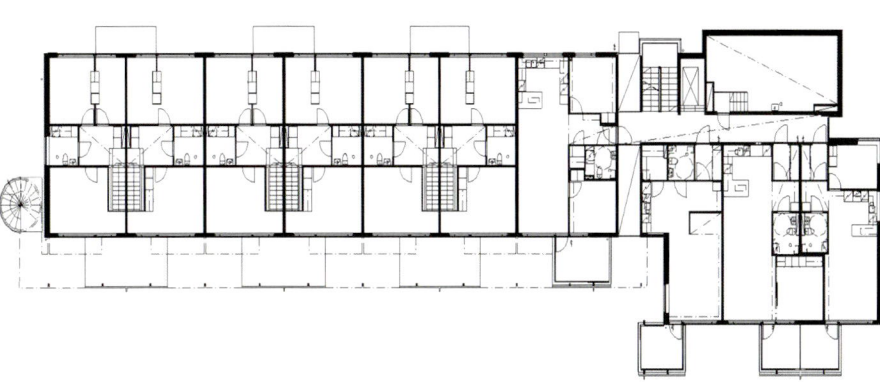
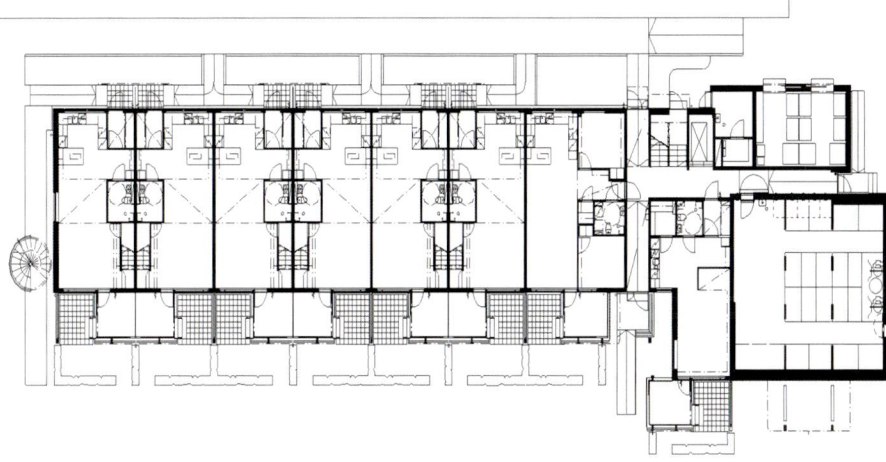

주거동 평면도

SUNH 주거동 경관

NORKKOKUJA

NORKKOKUJA

이 블록의 구성은 기본적으로 가로를 중심으로한 중정형 구성이다. 북측은 일자형의 아파트가 계획되었고, 중정에 면한 가로에는 타워형의 주동과 2-3층의 연립주택이 연결되도록 디자인되었다. 남측공원 쪽에는 낮은 건물들이 계획되었다. 중정에는 거주자들의 취미, 레져활동을 위한 시설이 설치되어 있고, 주거동에는 공동의 시설 및 공간이 계획되어 있다.

녹지공간은 최대한 크게 고려되었고, 생태적인 지속가능성 개념하에 식재되었으며, 3분의 1주택에는 전용정원이 부착되어 있다.

에너지절약은 핵심이슈중의 하나이다. 북측의 2개 블록은 전체 지구의 태양열실험주택의 계획을 수용하였으며, 태양에너지는 전체에너지 소비의 14%를 감당한다. 이외에도 고단열 시스템과 열교환기, 다양한 절수형 기기 및 디자인이 적용되었다.

단지내 보행자도로 전경

개발자	VVO Rakennuttaja
건축가	Hunga Hunga Co-operative, consulting architects
연면적	13,000m² (근린상가 및 업무시설 포함)
주택유형	61 임대주택, 68 점유권 소유주택, 20분양주택
준공시기	2000-2001년
에코포인트	10.2-11.2

NUPPUKUJA, VIIKI ECO-BLOCKS

비키에코블럭

이 주거블럭개발은 4층의 아파트, 2-3층의 연립주택, 남쪽부의 2호연립(semi-detached)주택의 이루어져 있다. 이 프로젝트는 태양열 난방, 중수활용시스템, 열교환, 다양한 난방과 환기시스템 등 여러 가지 생태기술에 대한 실험을 위해 수행되었다. 프로젝트의 목적은 콤팩트한 빌딩구성, 발코니온실과 전실로서의 현관계획 등을 통해 에너지를 절약하는 것이다. 내구성과 유지관리의 편리성도 이 과업의 또 다른 목적이다. 온수는 태양열로 공급되며, 남쪽발코니는 슬라이딩 유리창호로 이루어져 태양열을 계절에 맞게 콘트롤할 수 있도록 디자인되었다. 뜬바닥(suspended floor)은 평면의 융통성과 소음절감을 위해 기획되었다.

북측 주거동의 전용정원

개발자	Skanska South Finland
건축가	Kirsti Siven, consulting architects
연면적	11,000m²
주택유형	115 분양주택(1단계 50호)
공사기간	2000-2002년
에코포인트	11.3

주거동 경관 이미지

또한 공공공간 및 사우나와 같은 공공시설에 새로운 기술들이 적용되었다. 현관은 취미실과 연계되어 공동체형성에 기여하게 될 것이다. 2호연립주택은 에너지절약형 큐빅형태이고, 남쪽에는 트롬월(Trombe wall)이 설치되었다. 북측의 부엌 냉장고시설과 수납공간들은 전이공간역할을 하도록 디자인되었다. 또한 현관홀, 취미실, 온실등이 녹지공간으로 꾸며져 주민들의 생태적 요구를 충족시켜 주고 있다.

Flexible Wooden Flats, NUPPUKUJA

플렉서블한 목조집합주택

개발자	Helsinki Region Occupancy-right Housing Association
건축가	Ahto Ollikainen, consulting architects
연면적	2400m² (근린상가 및 업무시설 포함)
주택유형	24 점유권 소유주택
준공시기	2000년 준공
에코포인트	15.5

이 프로젝트는 3개의 목조 아파트건물로 구성되었다. 평균 주택규모는 80m²이다. 대부분 3층이지만 일부는 2층으로 계획되었다. 각 주호에는 모두 남쪽면에 유리온실발코니 또는 테라스가 부착되었다.

이 블록의 평면 및 부대복리시설 설계에는 입주민들이 참여하였다. 평면은 살면서 언제나 바꿀 수 있도록 융통형으로 설계되었다. 이것은 목조기둥과 보, 독립적인 바닥재의 조합으로 가능했다. 따라서 내부공간은 경량간막이에 의해 언제나, 어느 층에서나 입주자의 필요에 따라 다양한 구성이 가능하다.

전체 블록의 태양열이용 실험에 참가하고 있으며, 각 방은 독립적인 환기장치를 설치하였다.

북측 주거동의 전용정원

같은 규모의 융통형 평면예시

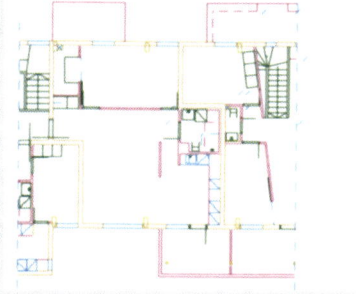
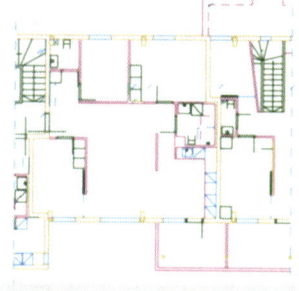

중정의 놀이공간

GREEN CITY BO01 Malmö, Sweden
Bo01 주택전시회, 말뫼, 스웨덴

Green Map Bo01

New Buildings
- 🟨 Housing
- 🟧 Building for other purpose
- ⬜ Building under construction
- ⬜ Planned building

1. **European Village** : 스웨덴의 풍토반영. 태양열 패널 적용
2. **Turning torso** : 높이 190M, 54층 9개의 큐브로 계획되는 구조의 초고층 건물, 유기성 쓰레기 분리 파이프 처리시스템 구축
3. **Kajpromenaden** : 청정한 에너지로 온수, 난방, best sustainable building award(2001)
4. **LB Hus and Yxhult** : 저에너지 사용 건물
5. **Friheten** : solar collector설치, 에너지 생산 계획, 건물 평면의 유동성 제공
6. **Sundspromenaden** : 공기의 유통과정에서 90%의 열회수 시스템
8. **Trahuset** : 큰 규모의 목구조 건물로 융통성 확보
9. **Tango House** : solar collector로 개별적 에너지 관리
10. **Havslunden** : solar collector, 음식물 쓰레기 처리기, 개별 에너지 측정시스템 도입
11. **Vitruvius JM** : 수직 solar collector(태양열을 벽돌벽에 전달)
12. **Tegelborgen** : 수직 진공 solar collector가 건물내부의 온도 개별 조절
13. **Harmoni** : 지붕에 차양 역할을 하는 구조물이 특징이며 우수 화장실. 음식물 쓰레기 처리 설치
14. **Ekologiska** : 어린이 놀이터
15. **Ankarparken** : 비오톱이 공원에 조성되어 있어 교육 효과
16. **Framtidsstaden** : 생물의 다양성 개념(엑스포 기간 전시)
17. **Salt & Brygga** : 기술적, 재료적 환경고려 계획
18. **Sydkraft/Turning Torso infopoint** : 미래의 에너지 해결의 비젼을 제시한 건물
19. **Sydkrafts energicentral** : BO01의 solar collectors 시스템
20. **Mobilitets center**: mobility center
21. **Kockums fritid**: solar energy support center

위치 | Malmö, Vastra Hamnen(Western Dock)

거주인구 | 1,000호 계획
(expo 개최당시 500호 완성)

건축가 | Agnta Persson(MA) 외 다수

건설시기 | 2001. 05 - 계속

건축연면적 | 1,080,000m²

지구특성

환경적 지속성(Environmental sustainability), 정보기술(Information technology)을 주제로 주거지를 계획한 사례로 말뫼 도심지로부터 서측 항구에 인접한 대지에 위치하고 있다. 업무시설, 레스토랑, 까페, 보육시설, 학교, 도서관 등이 갖추어진 1,000호 규모의 주거지로 계획되었다.

Bo01은 대부분 중정형으로 계획되었는데, 이는 부지에 인접한 바닷가에 넓은 공원을 조성하려는 계획에 대응하여 주거지는 작은 클러스터들과 작은 중정으로 계획하였다.

주거지 중심에는 상당한 규모의 수생비오톱의 띠가 존재하는데 이는 바다에서 물을 정화한 후 끌어들여 그 양쪽을 비오톱으로 조성한 것이다. 이 수생비오톱과 녹지대는 도시전체의 생태축으로서 계획되었으며, 중앙수로로부터 주거지 내의 공용공간을 흐르는 모든 수공간에 물이 공급된다.

개발배경

지속성의 개념과 경관(Landscape), 도시형태의 결합으로서 말뫼지역의 새로운 커뮤니티 형성의 핵심 역할을 함으로써 지속성, 도시형태, 조경에 대한 아이디어의 실험장 역할을 하고 있다.

Bo01(living 2001)은 스웨덴의 첫 번째 전시프로젝트로서 지속가능한 도시실현을 위한 정보기술, 복지(welfare), 도시미관 증진 등의 테마가 시행된 과업으로 주거지와 녹지, 오픈스페이스의 조성, 상시 전시시설, 외부 조경 전시시설 등이 건설되었다. 말뫼개발의 중심개념이 된 그린시티의 구체적 내용은 다음과 같다.

"GREEN CITY 개념"

① 건물, 중정, 정원, 공원, 플라자 등의 다양한 구성
② 지역의 재생가능한 에너지의 이용 : 바람, 태양, 물, biogas를 이용한 전력생산
③ 우수는 오픈된 실개천으로 흘러 작은 운하를 만들며 바다로 이어지는 수로를 형성
④ 보행자, 자전거 우선도로의 조성
⑤ 초기부터 큰나무를 식재하여 경관 관리
⑥ GREEN POINT: 생물적 다양성 요소를 적극 고려하여 조성
⑦ 3개의 new park 조성 : 주거지의 측면에 위치하며 모든 수변에 면하여 바다와 운하에 접하게 계획되었고, 운하는 주거지 전체로 흐르며, 주거지 동측은 운하가 대지의 경계 역할을 한다.
⑧ Food waste disposer: 쓰레기, 물을 처리하기 위한 최신의 기술을 적용

토지이용계획 및 동선계획

대지는 Vastra Mamnen으로 버려진 항구 시설과 공장지대였다. 이 대지는 멋진 수변공간을 가지고 있지만 평평하고 바람을 맞는 곳에 위치하고 거의 쓰레기 매립지였다. 조경가 Agnta Persson이 이 계획의 전시 기획자로서 전체 Masterplan도 작성하였다. 비록 housing expo였지만 조경이 프로젝트의 중심이 되었고 초기 착수부터 조경이 우선적으로 고려되었다.

전체 계획은 공원 부지와 바다에 둘러싸여 있어 주거지역이 다양한 규모와 특성을 가지는 중정을 둘러싼 건축배치로 구성되어 있으며, 느슨한 그리드 구조를 가지고 있다.

건설은 1단계로 약 500호의 중고층 집합주택, 테라스 하우스, 단독주택이 20여 건축가에 의하여 완성되었다. 현재 이 프로젝트는 계속 진행 중이다.

건물의 형태는 특히 대지와 바람에 대한 자연특성을 반영한 구조로 되어 있다 따라서 각 주호는 방풍림 역할을 한다. 내, 외부 구조와 오픈스페이스의 총체적인 설계는 북유럽의 자연환경을 고려하여 설계되었다.

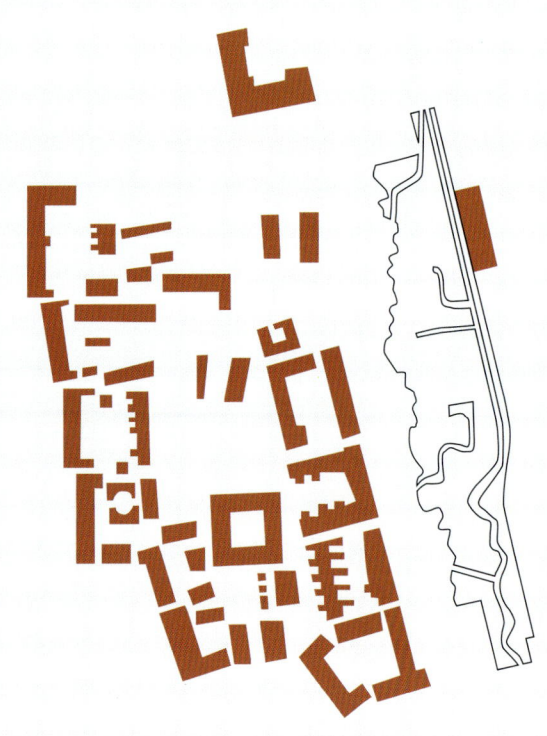

해변공원에서 바라본 공동주택 경관

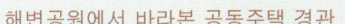

녹지 및 오픈스페이스 계획

3개의 새로운 도시공원(new park)을 아래와 같이 조성하였다.

ⓐ Ankarparken(Anchor park): 방파제에 조성되어 있으며 자연 형태를 살려 만든 해변에 스웨덴의 생태계요소를 살린 비오톱을 조성하였다.

ⓑ the Sundspromenaden(Quayside Promenade): 덴마크 조경전문가인 Jepre Aagaard Anderson에 의하여 계획되었으며, 말뫼 주거지역에 면한 해변에 돌과 나무를 사용하여 긴 해변가를 조성하였다. 중정으로 이루어진 주거지에 대비되는 단순한 계획으로 스웨덴 사람들의 특성상 여름에 일광욕하기를 좋아하기 때문에 현재도 아주 잘 활용되고 있으며 3개의 공원중에서 가장 잘 계획된 사례라고 할 수 있다.

ⓒ the Daniaparken(North park): 스웨덴 스톡홀름의 Thorjorn Anderson & Pege Hillage of FFNS 조경가에 의하여 계획된 녹지광장 공원이다.

다음으로 Bo01의 녹지공간계획에는 Greenspace factor and Green point가 적용되었는데 이는 1990년대 베를린에서의 경험을 살린 것으로 전 대지에 대한 녹지율을 0.0~1.0으로 차별적으로 계산하는 것이다. 말뫼지역개발에서는 모든 계획에 있어서 그린팩터가 0.5 이상이 되도록 계획하였다. 또한 모든 주호의 중정은 생태학과 지속성에 관련하여 Greenpoint로 측정되었다.

또한, 큰 나무들을 심어 녹지를 구성하였는데, 이 계획은 전체적인 site planning 시에 장기적인 관리계획이 수립되어 건축계획과 동일하게 진행되었다.

아울러, 넓은 수공간, 연못, 비오톱 등을 다양하게 조성하였고, 중정과 공용공간 사이의 야생생태계를 도입하였으며, 개인정원, 어린이공원(놀이터) 등의 공원녹지시설을 풍요롭게 계획하였다.

녹지와 수공간이 다양하게 어우러진 모습

해변가의 보행자도로와 deck공원

주거지내로 인입된 실개천

중앙의 수공간축

단지중정에 조성된 비오톱

생태주거단지 중정공간

우수활용

주거지 중심에는 상당한 규모의 수로가 조성되었는데 이는 바다에서 물을 끌어들여 정화한 것이다. 이 수로는 도시의 중앙을 관통하면서 주거지 내의 공용공간을 흐르는 모든 수공간에 물을 공급한다. 우수는 오픈된 실개천으로 모아져 작은 운하를 만들며 바다로 나아간다.

자원 절약 및 재활용

모든 단지의 쓰레기는 분리수거되며 파이프로 연결된 관을 따라 유기성 폐기물이 처리된다. 재활용 개념으로 분리수거와 쓰레기 처리시스템을 구축하였으며, 주호 내에서는 우수를 이용하여 화장실용수를 공급하고 있다.

주택유형 및 디자인

중정형 배치로 단지 내 중정은 차량이 모두 배제되었고, 녹지와 수공간이 모든 주호에서 보일 수 있도록 계획되었다.

수공간이 조성된 중앙공원

폐기물 분리수거시스템

단지내로의 진입구

TANGO HOUSE

탱고하우스

이 프로젝트의 개념은 크게 두가지이다. 하나는 체스판모양으로 분절된 외관을 갖는 주거동들이 다이나믹하게 솟아 생동감을 주고 있으며, 이는 융통성있게 계획된 평면구조를 그대로 반영하고 있는 것이 특징이다. 또 하나는 유니트의 돌출된 거실 부분이 '타원형의 생태섬' 개념으로 조성된 중정으로 직접 개방되어 확장된다는 것이다.

이 프로젝트는 지형과 경관에 맞추어 계획된 설계로 중정으로 돌출한 유리타워의 계획이 매우 특징적이다. 컨셉은 밤에 중국의 등처럼 유리 온실문의 내부가 환하게 들여다 보이도록 계획되었다. 온실은 태양열을 채집하고, 지붕에는 태양전지판을 부착하여 태양에너지의 활용을 도모하고 있다. 유리타워는 2층에서 4층까지 다이나믹하게 구성되어 있다.

중정의 개념은 Water/ marshyland/ island로 계획되었으며, 서향의 중정공간에 여름철에는 활발한 커뮤니티가 조성하도록 하였다. 우수는 텃밭용수로 활용하며, 다리는 중정의 섬에서 주호로 건너가는 상징적 이미지를 가지고 있다. 녹지는 잔디, 갈대, 대나무와 다년생 식물(양치류, 비비추 등)로 식재되었고 수로는 콘크리트, 일반 석재를 사용하여 조성되었다. 모든 세대가 물길에 면해있고 거실 앞에 물을 흘러가게 하는 흔치않은 계획으로 아주 자연친화적인 기법이지만 프라이버시에서는 문제가 있을 수 있다.

모든 주택에 원색의 다양한 칼라를 사용하여 특색있는 경관을 창출하였고, 발코니를 엇갈려 배열함으로써 상당한 입면효과를 거두고 있다.

1층세대의 거실이 다 들여다보일 정도로 중정이 매우 개방적으로 설계되어 한개의 중정을 매개로 활성화된 커뮤니티를 계획하였다. 중정이 조금만 컸으면 적당한 프라이버시도 유지할 수 있을 것이라는 느낌이 든다. 그러나 타원형의 온화한 중정과 물길과 녹지를 완충공간으로 한 각 세대 거실의 직출입계획 등은 열린 커뮤니티 실현을 위한 좋은 사례로 평가 받을 만하다.

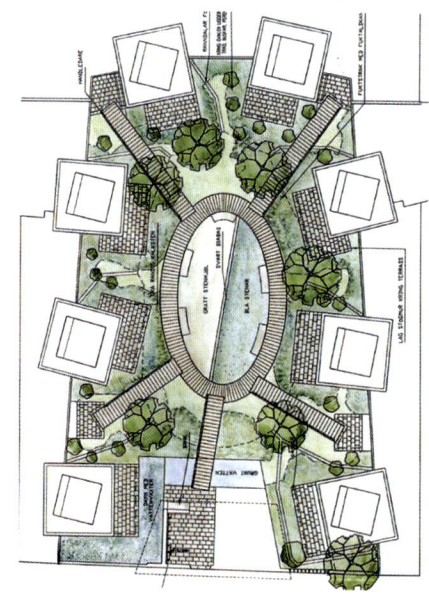

탱고하우스 배치개념도

B001, Malmö
Sweden

47

탱고하우스 전경

B001, Malmö
Sweden

탱고하우스 단면 스케치

2층 주동 평면도

0 5 10m

1층 주동 평면도

First floor plan / Planta primera
1. Living room / Sala de estar
2. Kitchen / Cocina
3. Dining / Comedor
4. Study / Estudio
5. Bedroom / Dormitorio
6. Storage / Almacén
7. Laundry / Lavanderia

흥미로운 주거동 입면

타워 주거동 경관

중정의 수생비오톱

중정경관

Kajplats 01

카이플라츠01

이 주택의 설계개념은 입주자의 요구에 따른 융통형 평면구성과 바닷가로부터의 방풍계획이다. 이를 위하여 다양한 평면을 계획하고 이를 입면계획에 그대로 반영하여 변화있는 파사드가 연출되었다. 또한 뒤에 있는 주택의 방풍효과를 위해 앞 건물을 5층으로 가장 높게 계획하였다. 또 하나의 다락방이 있는 3층 건물은 앞건물과 연결되어있고, 마지막은 중정 뒤에 온실에 연접한 2세대를 위한 주거동이 있다. 온실의 이중유리벽에는 다양한 종의 이끼가 자라고 있다.

온실의 이중벽에서 자라고 있는 이끼들

카이플라츠01의 전경

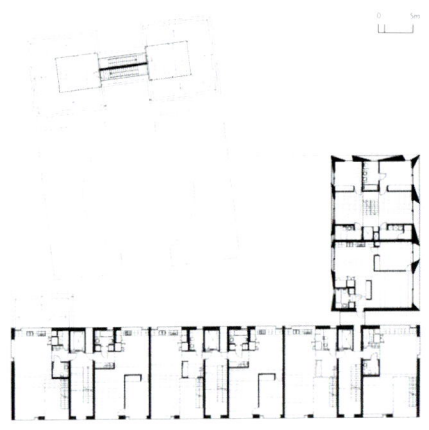
3층 평면도

6층 평면도

2층 평면도

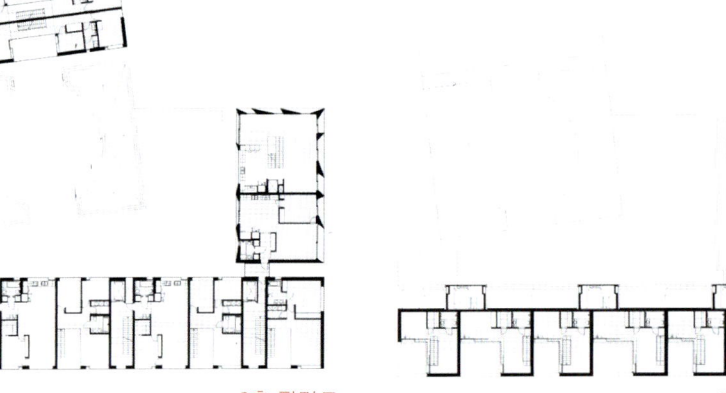
5층 평면도

1층 평면도

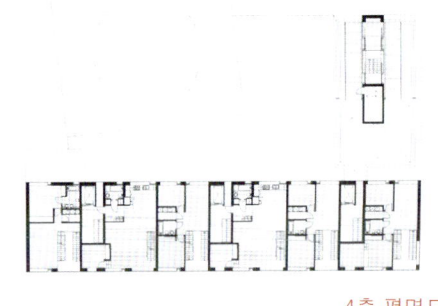
4층 평면도

다양한 창호로 구성된 입면

BO01의 지속가능한 계획요소

분야	계획요소	계획원리
토지이용	교통	-말뫼 도시 중심부와 가까운 항구 지역에 위치 -차량의 사용을 줄이기 위한 도로 차선 제한 -중정의 건물과 주요 가로공간에 작은 녹지, 공원을 조성하여 보행자 전용도로를 조성 -자전거전용도로 확보
	녹지 및 오픈스페이스	-3개의 다른 조경가들이 계획한 도시공원조성 -지붕, 발코니, 중정등 주거동 외 공간은 피복도를 최소화하여 녹지 공간 조성 -green point: 녹지공간 사용에 대한 도시계획상 중요한 제한사항 설정 -중정 내 다양한 비오톱공간 조성이 특징
자연자원이용	수질	-바다에 인접하여 단지 내를 순환하는 수자원 이용시설 조성 -바닷물을 정화하는 시설설치 -바닷물 및 상수, 중수를 복합적으로 활용하는 계획
	폐기물	-유기성 폐기물은 따로 관으로 수집
에너지	태양에너지	-태양에너지 이용 활발 지붕, 벽에 다양하게 사용
건축	건축재료 및 설비	-저가의 재료를 사용하여 계획

HAMMARBY SJÖSTAD Stockholm, Sweden
하마비 허스타드 신도심, 스톡홀름, 스웨덴

지구특성

Hammarby Sjostad는 스톡홀름 도심 내 자연과의 경계지역에 새로 조성된 주거지로 이 주거지는 새로운 건축과 현대 기술이 접목된 지속가능한 주거지의 중심이 될 것이다. 이 프로젝트는 삶에 질에 있어서 접근성이 얼마나 중요한가를 보여주는 사례라고 할 수 있다.

Hammarby에 풍부한 수변과 녹지로의 접근성은 한 주거지를 풍요롭게 하는 중요한 요소로 작용하였다. Hammarby 의 중앙단지에는 visual park로서 수변공간으로 조성되어 있고, "the blue eye of the neighbourhood"공원으로 칭하는 녹지는 자연의 풍요로움을 느낄 수 있게 해준다. 또한 보전지역(Nacka Nature Reserve)이 새로운 녹지지역을 형성한 부분에 이어지도록 계획하는 것이 주요 고려사항이 되었다. 첫 입주자들은 보존된 참나무지역으로 이루어진 보행자 전용로와 수변공원에 일상생활 속에서 쉽게 접근할 수 있어 대단한 만족을 보이고 있다.

수변산책로에서 본 지구경관

위치 | Alsnögatan, Tegelviksgatan, Tullgårds-gatan, Stockholm

주택건설 | 8,000호

건축가 | Jan Inghe Hagström(master plan), SBK

공사기간 | 1992 - 2010

거주예상인구 | 17,500인

건축연면적 | 1,080,000m²

이 프로젝트의 목적중 하나는 주변 환경과 생태계를 고려한 주거지를 조성하는 것이다. 이러한 소망은 환경기술 영역의 새로운 해결책을 제시함으로서 이루어졌다. 우선 이 지구에 적용된 Energy, Wastes, Water의 순환과정을 살펴보면, 자체 재생 모델과 자체 지역 오수처리시설을 확보하였고, 지표수는 지역적으로 정화되어 특별한 정화과정에 대한 부하를 주지 않고, 에너지는 재생가능한 에너지원을 이용하여 생산하며, 지역의 태울 수 있는 쓰레기를 열로 환원한다.

또한, 지역 주민의 쓰레기 분리수거정도와 에너지 소비 측정, 정보기술의 도입을 통한 대중교통의 효율성확보, 지역주민을 위한 환경정보센터운영 등도 특징적인 계획이다.

Tvarban tramline, Ferries in Hammarby canal, Car-pooling arrangement 등의 대중교통수단과 보행자, 자전거전용 도로를 확보하여 녹색교통체계를 확립하였다.

공공기관과 상업 서비스는 점진적으로 갖추어지고 있다. 6-12세 어린이들의 학교는 2001년 가을학기에 개강하였고, 2002년에 간호학교가 설립되었다. 근린편의시설은 2001년에 서비스가 시작되었고, 지역 시설을 포함하는 건강센터는 5,000명의 거주자를 수용할 수 있는 큰 규모로 건립되었다.

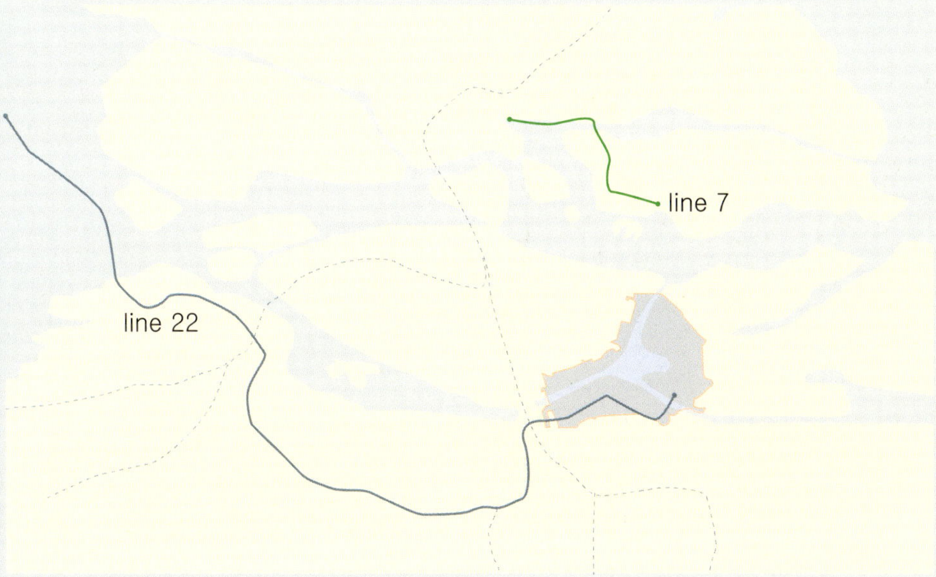

Tram Line

수변에 조성된 데크경관

개발배경

Hammarby 호수주변 지구에 새로운 도시구역을 정비하는 프로젝트로 공통된 설계규정은 수변공간의 안전성을 확보하며 생태적 원칙을 준수하도록 하고 있다.
도시계획국(the Town Planning Office)이 지역의 상세계획규정을 담당하며, 여러 개의 설계회사들에서 다양한 주거단지를 계획하였다.

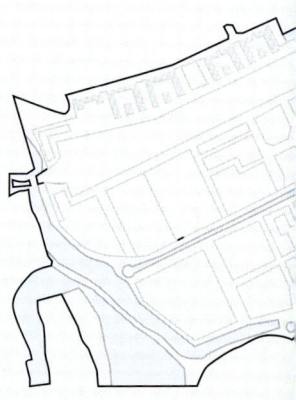

하마비 공동주택단지 전경

보행자전용도로 경관

상업 및 공공서비스

공공 및 사적 서비스는 우체국, 약국, 학교, 커뮤니티 케어 & 헬스 센터, 소매점, 은행 등이 계획되어 있으며 대부분 지역에 새로운 건축물들은 상점과 오피스 용도로 사용하기에 편하게 계획되어 있다. 특히 고객중심의 사업을 위한 지역은 main street- Allen 으로 알려진 Tvarbanan 경전철과 버스노선이 다니는 지역-에 위치하고 있다.

이 지역의 IT에 대한 투자는 중요한 부분이었으며, 주거지는 모두 인트라넷으로 연결되어 있다. 이것을 이용하면 사업자가 거주자들과 직접 연결될 수 있다.

고객과 직원을 위한 주차는 새로운 주차장과 거리 주차를 확보하고 있다. 거주자와 작업장사이의 주차장 공유를 위한 시스템이 조직되었다.

도시의 환경학

환경은 이 Hammarby Sjostad 주거지의 핵심테마이다. 환경의 부정적인 측면은 감소시키고 다른 기존의 개발방식과는 다르게 거주자들의 협의와 새로운 해결책을 제시하는데 도움을 줄 수 있도록 고려되었다.

Hammarby Sjostad는 자체의 하수처리시설을 가지며, 자체 생태계 순환시스템 모델을 가지고 있다. 이곳의 폐수는 자체 처리되고, 열원은 회수되며, 다른 영양분들은 새로운 기술로 재활용되어 농작물에 쓰이게 된다.

에너지는 이 지역의 지역난방시스템에서 생산되며, 이것은 재활용 연료를 기반으로 하고 있다. 지역의 연소된 쓰레기는 열에너지의 형태로 재활용된다.

에너지, 쓰레기, 물관리에 대한 이 모델은 Hammarby model이라고 알려져 있다. 이것은 Birka Energie와 Stockholm Vatten and Skafab과의 협동으로 이루어졌으며, 이미 국제적으로 잘 알려져 다른 나라에서도 환경적 부하를 최소화하기 위한 방법의 원천으로 사용되고 있다.

주민위원회는 이러한 환경적 작업에 중요한 역할을 담당하고 있다. 자원과 재활용상품에 대한 원천적인 분리수거, 자신의 에너지와 물 소비를 모니터링할 수 있도록 하여 에너지, 자원낭비를 막고 있다. 에너지소비는 정확히 측정되며, 누구나 방에 들어서는 순간부터 조명과 환기 센서가 작동한다.

Environmental Center

하마비 환경계획 모델

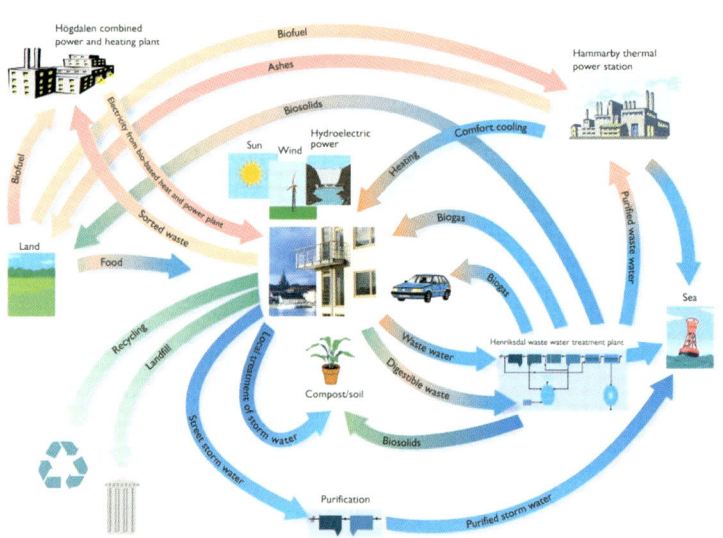

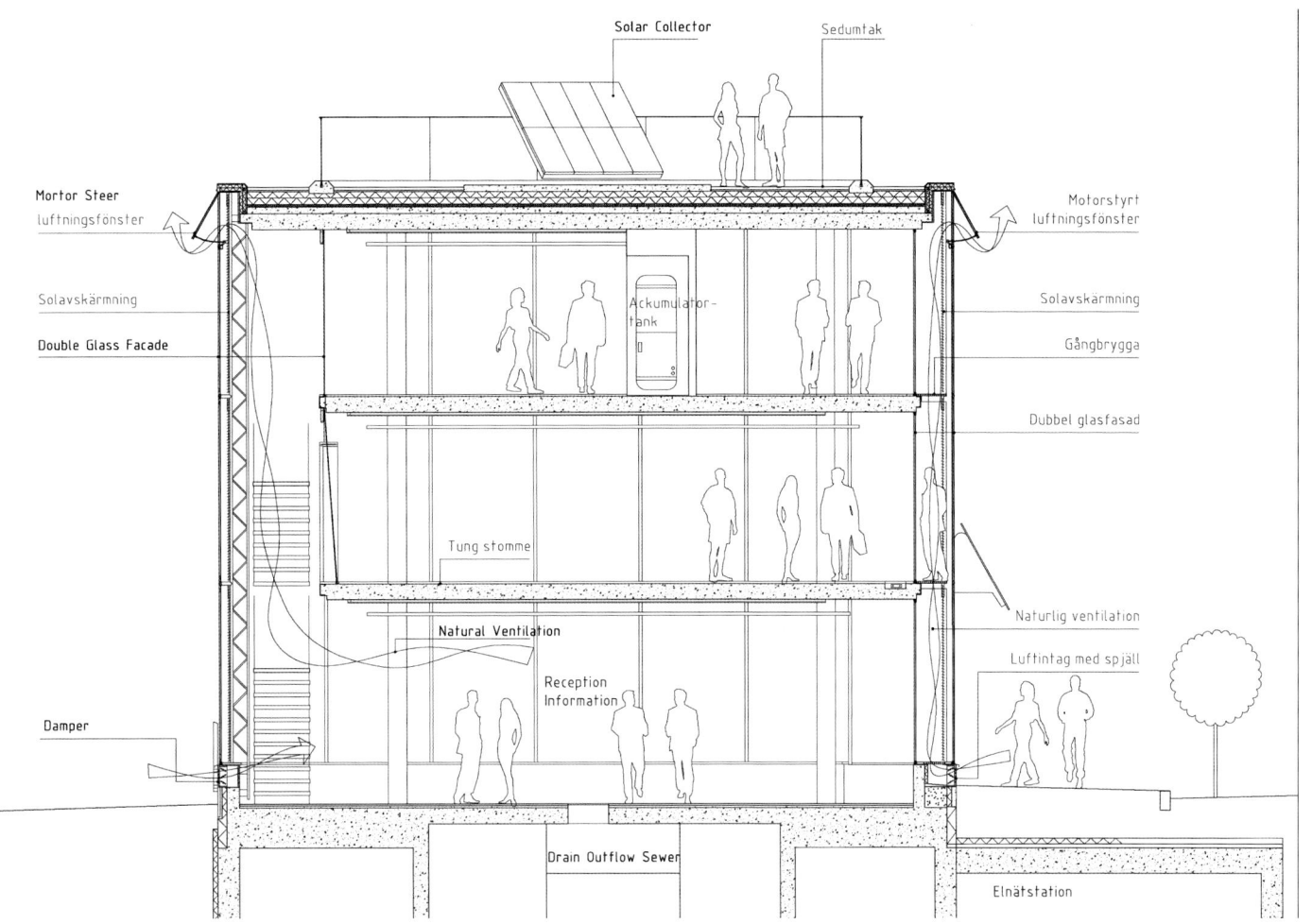

Environmental Center 단면개념도

정보기술

정보기술은 Hammarby Sjostad의 교통수요를 최소화하는데 기여하였다. 대중교통은 스톡홀름 중심부까지 연결되어 새로운 Tvarbanan 경전철과 버스노선, 수상서비스에 우선권을 주고 있으며, 또한 카풀이 형성되어 있어서, 거주자들이 원하는 시간에 차를 빌릴 수 있다. 이러한 카풀에서 사용하는 자동차는 하수처리시설에서 나온 biogas를 주 연료로 사용한다. 환경정보 센터는 거주자들에게 정보를 제공하기 위하여 항상 공개되어 있다.

녹지 및 오픈스페이스 계획

수변공간의 물이 빠지고 들어오는 부분에 초지를 조성하여 넓은 오프스페이스를 확보하였고, 녹지에 많은 식용작물을 재배하고 있으며, 나무로 만들어진 담장을 사용하도록 하였다.

녹지에 대한 특별한 관심은 Hammarby Sjostad의 공사 시에도 드러나는데 Sickla Udde의 윗부분에 가능한 많은 면적의 참나무지대를 보존하기 위한 노력이 진행되었고, 이러한 노력은 이 지대를 "ecoduct"로서 "green and broad via duct"를 만들어 Nacka reserve의 자연보존지역과 주거지가 연계되도록 계획하였다.

우수활용 및 친수공간조성

지표수(우수)는 지역적으로 정화되어 하수처리를 감소시키는 효과를 볼 수 있으며, 우수시스템과 연결된 생산녹지(텃밭)을 조성하였다.

습지대와 보행자도로, 수변공간이 연계되어 조성됨으로써 자연스럽게 주거지와 자연공간이 일상적으로 연결되어, Bo01에서 바다주변을 데크화한 인공적인 느낌보다 자연스러운 분위기를 연출한다.

또한, 우수, 중수 분리 시설이 되어 있어서 단지별로 우수를 모아서 중정에서 순환 system을 구축하여 친수공간을 다양하게 연출하고 있다.

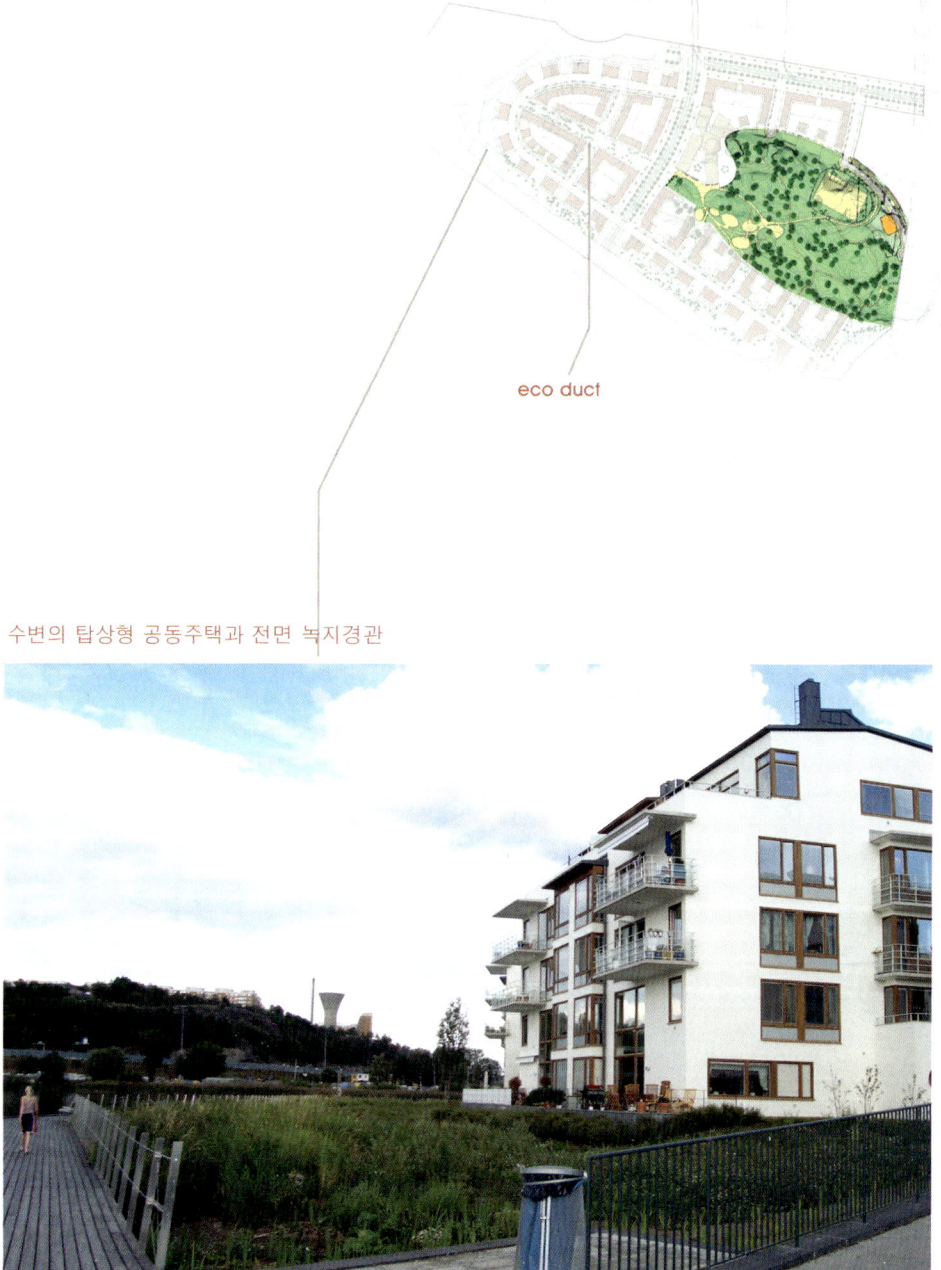

eco duct

수변의 탑상형 공동주택과 전면 녹지경관

우수활용 실개천 상세　　　우수초기처리장치　　　인공수로에서 본 도시경관축

중정의 녹지와 실개천/비포장도로

단지배치 특성

Hammarby 수변 공간을 적극적으로 이용한 산책로를 조성하여 이 지역개발의 아이덴티티로 삼았으며, 통경축을 확보하여 수변과 녹지로의 아름다운 경관축이 확보될 수 있도록 하였다. 수공간 인근의 주거지는 수공간+수변 구조물+녹지공간+주거동으로 구성되어 쾌적하고 자연친화적인 주거지로서의 진면목을 보여 준다. 기본적으로 지구의 중앙녹지대로 열리는 중정형의 단지배치가 특성이다. 통경축을 계획하였으며, 부분적으로 필로티를 확보하였다. 발코니와 입면디자인이 우수하다.

주택유형 및 디자인

주거동디자인은 중층공동주택 위주로 모던하고 심플한 특성을 보이며, 많은 사례에서 플렉시블 하우징 플랜(가변형 평면)을 계획하여 새롭고 흥미로운 건축물로 완성되었다.

단지내 중정의 휴게공간

Hammarby의 지속가능한 계획요소

사회적 지속성	토지이용	-단지 외곽의 기존의 소규모 공업시설을 유지하면서 수변공간은 주거공간으로 계획하여 자연환경에 밀접한 주거 공간을 형성
	커뮤니티 디자인	-배치: 중정형 디자인을 기본으로 하여 수변공간으로 통경축 확보 -중정 입구에 단차를 두어 자전거 보관소나 주차장, 코어가 위치, 중정내부의 프라이버시 보호 -단지와 단지 사이에 보행자 전용도로 설치: 주변은 녹지축으로 연결되고 주동의 테라스가 연결됨
	커뮤니티 관리	-주거지의 모든 입주민의 정보가 하나의 시스템으로 관리되어 효율적으로 운영됨 -주민위원회: 자원과 재활용품에 대한 원천적인 분리수거에 큰 역할
경제적 지속성	복합용도 개발	-모든 주동(특히 메인 가로)의 건물의 1층부는 상가건물이나 오피스로 전환이 쉽도록 계획하여 산업유치에 힘쓰고 있음 -편의시설, 학교, 도서관, 병원, 헬스센타가 들어와 도시적 기능을 충분히 담당하도록 계획 -초고속 인터넷망을 이용한 IT산업의 육성과 IT 서비스 산업 유치 노력 활발
환경적 지속성	건물차원	-홈오토메이션 서비스: 거주자의 모든 활동 감지, 조명 환기센서 작동
	에너지	-에너지 소비측정
	수자원과 오수 처리	-도시적 차원의 재활용 모델 구축: 자체 지역 하수 처리시스템을 완비하고 있고 이를 통한 hammarby model 구축 -오수처리시설
	교통	-대중교통: 스톡홀름 중심부까지 새로운 Tvärbanan 경전철과 버스노선, 수상서비스에 우선권 부여 -카풀 형성: 자동차는 하수처리시설에서 나온 biogas를 주 연료 사용
	쓰레기 처리와 재활용	-쓰레기 분리수거 -환경 정보센터 설립

FREDENSGADE Kolding, Denmark

Fredensgade 생태주거단지, 콜딩, 덴마크

Fredensgade, Kolding
Denmark

위치 | Fredensgade and Høllinderej, Kolding, Denmark

건축주 | Kolding Municipality, Building and Housing Coucil, Ministry of Housing, Byfornyelseselskabet Danmark

건설기간 | 1993-96, 2개의 신축건물 infill

개발면적 | 1.1688ha (공지:0.7635ha)
주거:1.2424~1.0476ha
상업/공업/공공시설:0.0727ha(5.8%)
건폐율:30%미만

세대규모 | 143세대(6개 소매상), 250명 거주

인구밀도 | 122호/ha

건축가 | Gruppen for By-og Landslabsplanløj-ning Aps

시공자 | A/S Samfundsteknik, Kolding

콜딩주거단지 배치도

계획개념

기존 덴마크의 참여형 재개발과는 달리 원활한 추진을 위해 건물 소유주와 재정관련 전문가 조직에 의한 "Top-Down"방식으로 시행되었으나, 후에 거주민들의 의사결정 참여로 별도의 조직을 구성하여 재개발을 수행하였다.

초기에 Danish Ministry of Housing은 2가지의 생태적 리노베이션 유형을 권장하였는데, 첫째는 물절약시설, 둘째는 에너지 절약형시설이었다. 구체적인 내용은 다음과 같다.

1. 주택에서 사용하는 물은 태양에너지로 데워진다. 또한 전체 블록의 열원은 지역난방 네트워크와 연결되어 있는데 산업체에서 나오는 잉여 에너지, 쓰레기 소각으로 생기는 에너지, 발전소에서 나오는 3개의 지방 정부관할의 에너지원에서 공급된다.

2. 지붕의 우수는 우수연못으로 직접 연결되며, 이것은 가정의 세탁용수나 화장실 용수로 활용된다. 이러한 용수를 깨끗하게 유지하기 위하여 우수를 실개천으로 순환시켜 다시 연못으로 들어오게 하는 재순환과정을 거친다. 이 경우 물이 부족하게 되면 외부 상수도로 부터 공급받는다.

3. 용수의 처리에 있어서 가장 중요시되는 것은 생물학적 요소의 강조와 지역적으로 오수를 처리할 수 있는 잠재력에 관한 것이다. 그 핵심시설이 중정의 "Bio-Works"인데, 이 시설은 피라밋형태로 구성되어 에너지 손실을 줄일 수 있도록 하였고, 채광량을 확보함과 아울러 주변 건축물에 그늘지는 것을 막기 위하여 형태상 표면적을 줄였다.

Bio-Works 피라미드

콜딩주거단지의 상징이자 대표적인 지속 가능한 기술의 총합실험체가 바로 Bio-Works 피라미드이다. 이 피라미드의 "green"하수 처리시설은 전체 프로젝트에서 가장 중요한 부분을 차지하고 있다. 이 단지 내 모든 세대의 하수는 수집되고, 바이오웍(생물학적 하수처리 시설)에서 처리되며, UV-ozone 필터에 의하여 정화된 후 피라미드로 펌핑되어 조류와 식물로 인하여 더욱 정밀하게 정화된다. 피라미드의 표면 면적은 840m^2이고, 전체 체적은 460m^2이다.
중정의 공간이 하수를 정화하기에 충분하지 않아 정화할 수 있는 공간을 다층으로 구성하여 지금의 피라미드 공간이 되었다. 피라미드에서 정화된 하수는 갈대숲으로 보내져서 바닥에서 다시 한번 자연정화과정을 거친다. 원칙적으로 하수는 단지내부에서 모두 정화된다. 피라미드의 시설은 1994년부터 조성되기 시작되었다. Bio-Works내의 식재는 600m^2안에 15,000개의 수목으로 구성되며, Biomass를 이용한 퇴비도 활용하고 있다. 외부 연못주위 뿌리를 이용한 정화면적은 10,000m^2의 녹지를 확보하고 있다. 수질의 경우 96년도 기준으로 욕실에 사용할 수 있는 정도이며, 대지내 정화력은 질산, 인산기준이 시의 기준 이내이다.
그러나 이 시설은 작은 마을이나 소도시에는 가능하나 대규모지역의 시설로는 비효율적이며, 기계적 시스템을 위주로 구성하여 겨울철 유지비가 크다는 단점이 있다.

Bio-Works 피라미드 전경

Bio-works 피라미드 상세

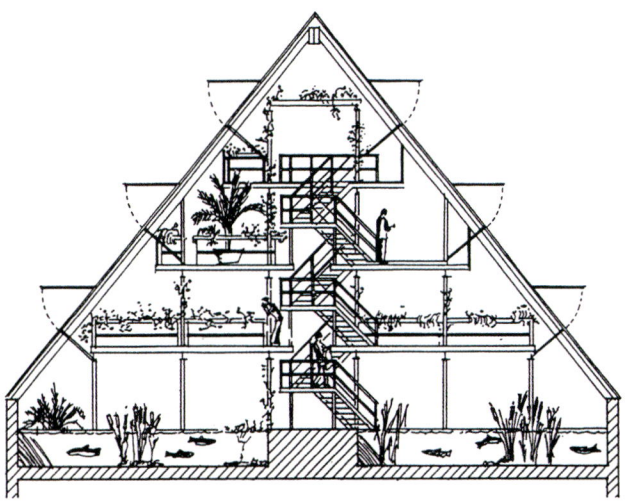

Bio-works 단면도

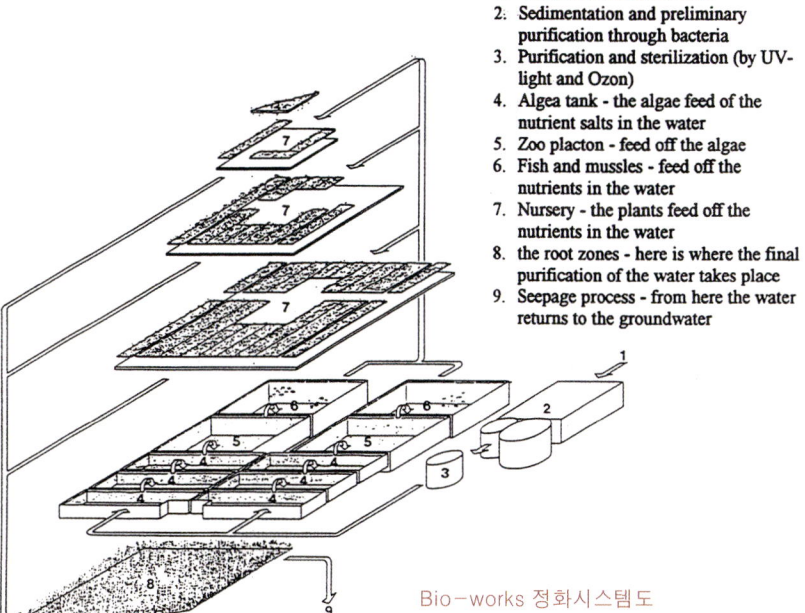

1. Waste water from the flats
2. Sedimentation and preliminary purification through bacteria
3. Purification and sterilization (by UV-light and Ozon)
4. Algea tank - the algae feed of the nutrient salts in the water
5. Zoo placton - feed off the algae
6. Fish and mussles - feed off the nutrients in the water
7. Nursery - the plants feed off the nutrients in the water
8. the root zones - here is where the final purification of the water takes place
9. Seepage process - from here the water returns to the groundwater

Bio-works 정화시스템도

Planning Elements

Fredensgade의 계획요소

토지이용계획 및 동선계획

재개발단지로 기존 부지 및 건물의 구조를 그대로 재활용하였다. Sydbanegade와 Kongebrogade에 면한 건물 중 8개 주호 (50-79m^2)와 hollændervej에 면한 건물 6개(57-61m^2) 주호는 상당부분을 재활용 재료(유리, 블록, 목재, 파쇄콘크리트)를 사용하여 리노베이션하였다.

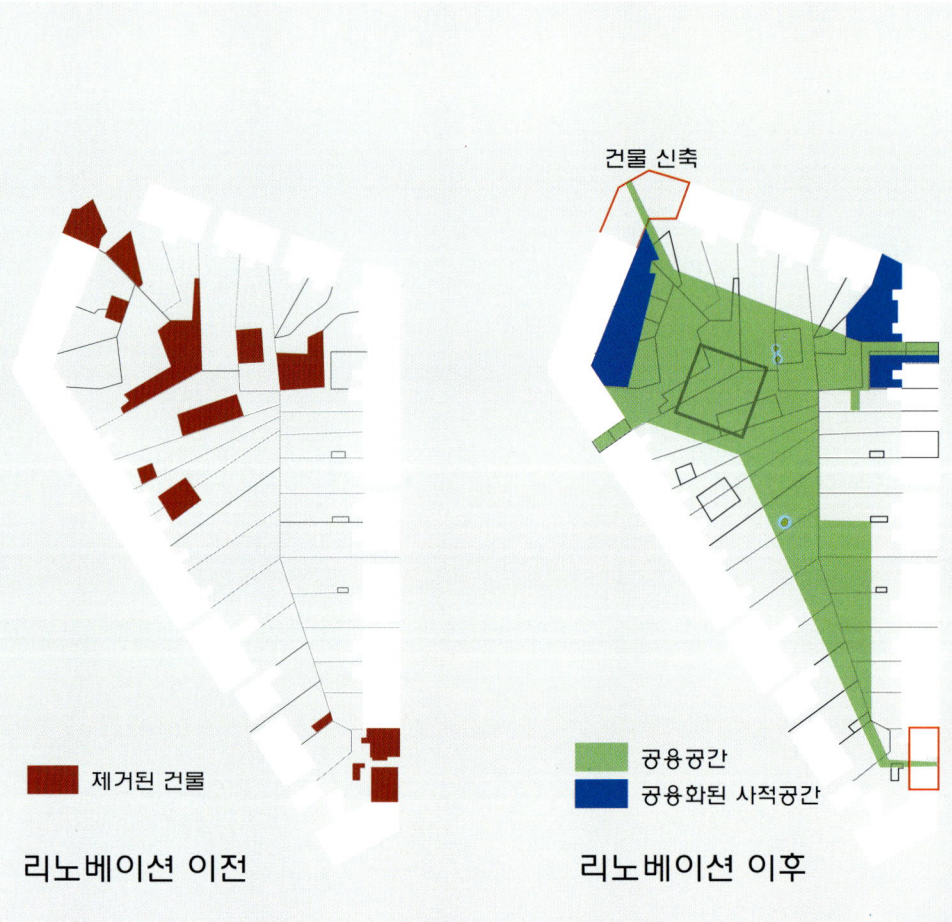

■ 제거된 건물

리노베이션 이전

건물 신축

■ 공용공간
■ 공용화된 사적공간

리노베이션 이후

녹지 및 오픈스페이스 계획

중정형 배치를 기본으로 하여 중정내 녹지와 수공간을 계획하였다. 피라미드를 중심으로 중정내에 수공간을 연결시키고 수공간을 녹지공간으로 자연스럽게 연계하여 디자인하였다. 이 공간이 주민들에게 휴식공간을 제공하여 주며, 개방된 개인정원이나 공용텃밭에서의 식용작물 재배는 커뮤니티활성화에 도움을 주고 있다.

단지배치 특성

단지내에는 Environmental Station(쓰레기 분리 및 퇴비화 처리시설)이 설치되어 있고, 주차장 위 Solar Panel은 미래의 전기자동차 사용시를 대비하여 설치하였으며, 현재는 하부를 주차장으로 활용하고 있다. 단지내 중정내에는 보행자도로가 완벽하게 구성되어 있고, 보행로주변에는 개인정원과 공동텃밭이 연계되어 있다. 한편, 최상층의 지붕공간에는 온실개념의 공공공간이 설치되어 있다. 수공간과 녹지공간을 3m의 지형 경사를 이용하여 계획함으로써 다양한 외부공간을 구성하고 있다.

단지내 중정경관

단지내 수경시설

단지내 보행공간

Fredensgade, Kolding
Denmark

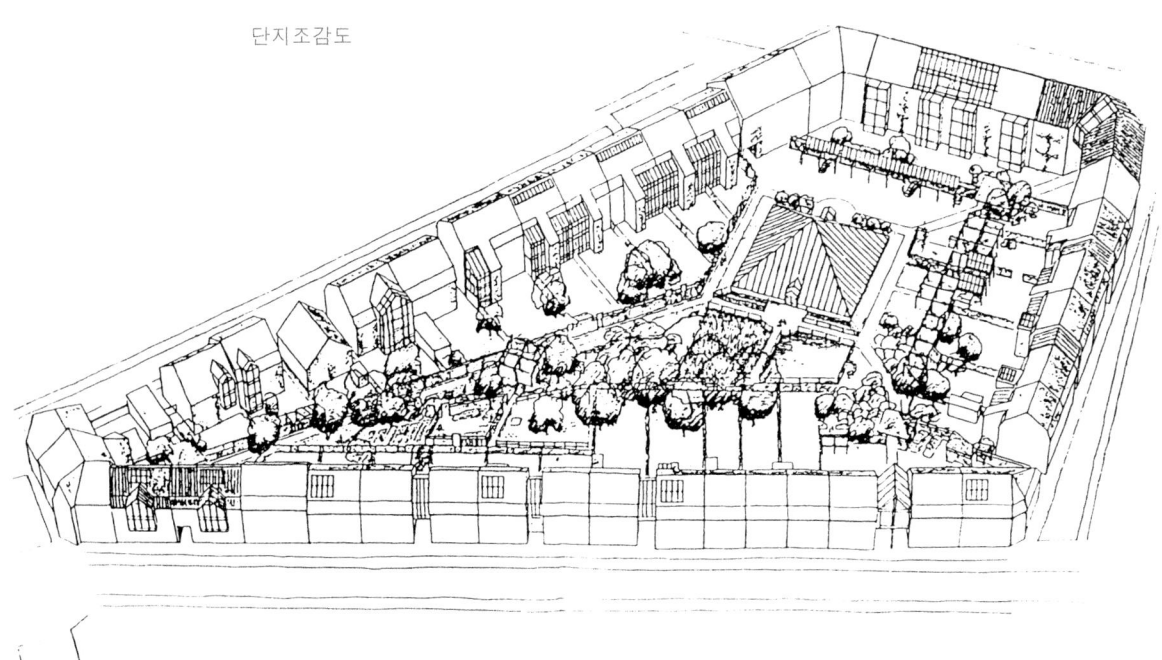

단지조감도

퇴비화 시설

에너지 station

옥상의 주민공동시설(온실)

하수정화 Indicators(지표)

이 프로젝트의 오수정화부분에 대하여는 많은 지표가 사용되고 있다.
① 열원의 사용
② 전기의 사용
③ 물 속 영양상태
④ 물 속 박테리아
⑤ 방문횟수와 대중매체의 소개(주변 사회에 대한 영향을 측정할 수 있다.)

평가

이 프로젝트의 평가는 계속 이루어지고 있으며, 1차 평가는 1997년에 이루어졌다. 단지에서 나오는 모든 하수는 바이오웍에서 처리된다. 단지 내에서는 약 11,000m³/year의 오수가 발생하고 이 오수는 인산을 제외하고는 충분히 덴마크의 기준 이하로 정화된다. 또한 바이오웍 처리 시스템 내에서는 해마다 약 40,000의 식물이 생산된다(피라미드 내에서 대나무, 아이비, 고사리와 같은 양치식물이 자란다. 이 식물은 개인 주택의 정원수로, 장식용으로 판매된다).
피라미드 내의 대기는 깨끗하며 19.5도의 기온을 유지하는데, 난방으로 들어가는 에너지는 237Mwh/year이며, 전기량은 65-75Mwh/year이다. 그러나 최대 35Mwh/year까지는 낮출 수 있는 것으로 분석되었다.
바이오웍 시설은 어느 지역에서든지 중앙시설과 연계 없이 독자적으로 운영될 수 있는 시스템으로 현재 하수를 정화할 수 있는 식물, 어류의 종류와 취급에 대한 지식의 축적되어 가고 있다. 이 시설의 효율성은 지역적 조건 기후, 겨울철 채광, 토양구조에 좌우된다.

효과

-에너지, 물 절약장치 : 50% 성공
-지역폐수처리시설 : 40% 비용절감
-호당 한 달에 관리비 45-58크로네 절약 (8,000~11,000원)

하수집수시설

Bio-Works 내부

피라미드 옆 보행로 전경

정화수로 이루어진 생태연못

콜딩 주거단지에 적용된 지속가능한 계획요소

분야	계획요소	계획원리
토지이용	교통	-콜딩의 중앙역에서 10분이내 거리 -주변 상업시설과의 인접 -주거지내에 차량 소통은 금지
	단지계획	-내부 중정의 배치와 대지형상의 변화를 고려 -"bio-work"와 생물학적 쓰레기 처리를 위한 오픈스페이스 계획
	녹지 및 오픈스페이스	-중정내 수공간으로 이루어진 녹지공간, -개인정원을 한정하는 울타리를 덴마크 전통식 버드나무 가지를 엮어 만든 담장 사용 -작은 시내, 연못에 자연적으로 식재된 오픈스페이스로 자생종을 활용하고 버드나무를 이용한 살아있는 울타리 조성 -1층앞은 개인정원 활용, 프라이버시 보장
자연자원의 이용	우수 및 하수처리	-우수 : 지붕과 녹지부분에서 모아진 우수는 중정 가운데 연못으로 저장, 주민들의 친수공간이용 및 피라밋 정화시설의 마지막 처리 용도로 사용 -하수 : 'Bio-Work'를 통하여 하수 정화, 물고기, 식물의 생태계를 제공 -Bio-Work : 어류의 서식과 온실의 수목을 재배하면서 단지내에서 모든 하수를 처리
	수자원 절약	-주방과 욕실에 물절약 기기의 설치 -욕실 용수의 50%를 보행자 전용로의 투과성 재질로 흡수시켜 재활용
	폐기물 재활용	-environmental station: 쓰레기 분리수거 시설 -composting facilities: 음식물쓰레기의 퇴비화 -단지 내의 오래된 건물에서 나오는 재료를 다시 재활용
에너지	태양에너지 활용	-주택의 에너지로 사용 -'Bio-Works'를 유지하기 위한 전기에너지로 사용
	에너지 절약	-물 절약시설 설치
	태양열이용 및 난방시스템	-패시브 태양열 이용 conservator, glazed-balcony, conservator, roof greenhouse, -에너지 절약형 전기, 조명 기구, 지역난방 시스템과 연결된 저온 난방 시스템, 고효율 단열 시스템, 지붕의 solar collector, 미래의 전기 자동차 사용을 위한 주차장 지붕의 PV 셀 설치
건축	건축재료 및 설비	-재개발 사례로 기존 건물을 그대로 사용하거나 폐자재를 활용하여 건축 -에너지 절약적 전기기기, 주방기기의 사용
	healthy building	-기능, 열적 조건을 고려한 평면 계획, 재활용 재료의 사용
	건축설계	-기존 건물을 유지, 열 손실을 줄이기 위하여 발코니 부분을 열적으로 분리하고, 태양에너지의 패시브사용을 위하여 입면을 상당수 개보수함

KLOSTERENGA Oslo, Norway
클로스테렌가 리노베이션, 오슬로, 노르웨이

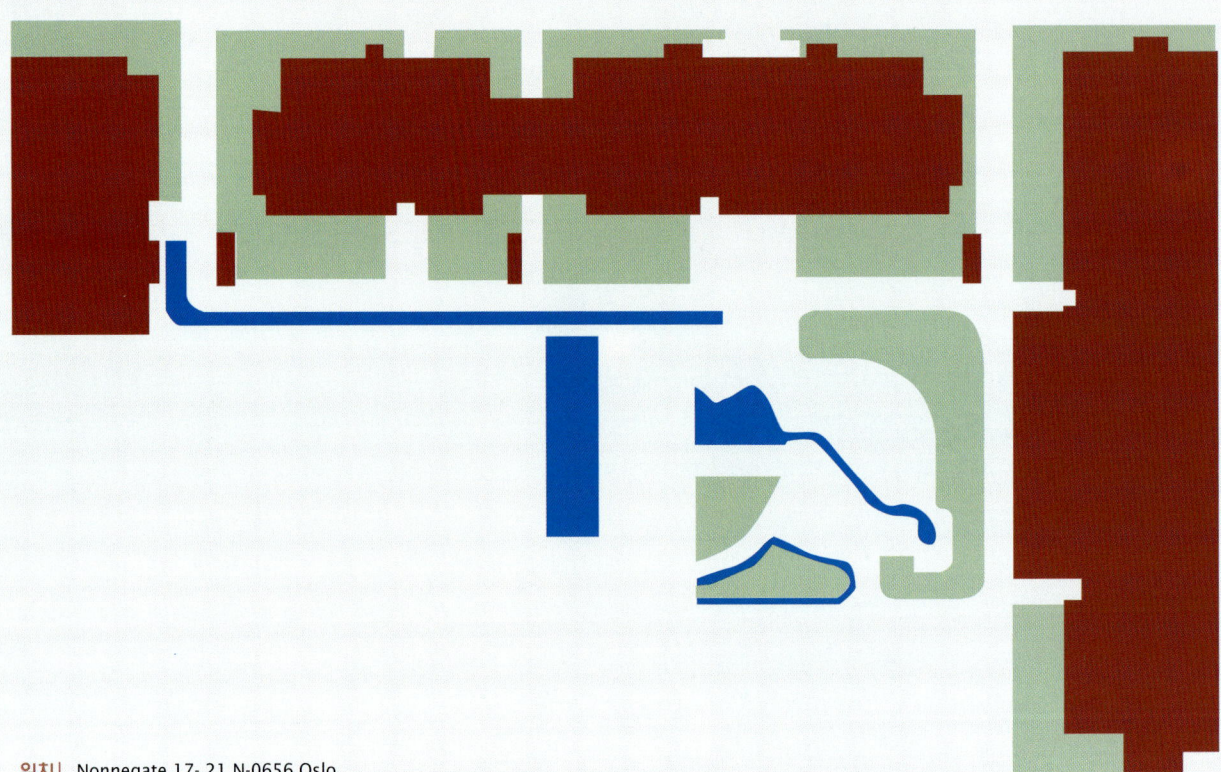

위치 | Nonnegate 17-21 N-0656 Oslo

건축가 | Arkitektkontoret GASA AS Arkitektskap AS

건축가 | Boligbyggelaget USBL

연면적 | 3,500m² (35호, 난방면적: 2,901m²)

대지면적 | 1,300m²

시공기간 | 1998년 ~ 2000년

개발목표

본 프로젝트의 목표는 지속가능한 기술측면에서 에너지절약을 중심으로 도심을 재생시키는 계획과 지속가능한 기술의 이용을 통해 지속가능한 빌딩을 건설하는 것이다.

지속가능한 건축은 새롭고 확실한 이슈이다. 그 이유는 태양전지판(photovoltaics) 그리고 태양열이용과 같은 기술과 통합된 건물이 점점 더 경제적이고 안락함의 관점을 충족시키고 있기 때문이다. 이러한 기술의 사용을 선택하는 건축은 아직까지는 시범단계지만 그러나 계속해서 발전할 것이다.

노르웨이에서 정부와 개인사업단체들은 지속가능한 발전의 필요성을 빠르게 인식하고 있다. 따라서 그들은 1980년 중반에 도시중심에 근접한 오슬로에서 Klosterenga 도시 생태 프로젝트를 시작하였다. 이 재생계획은 EU의 Thermie '96 프로그램과 다양한 국가적, 지역적 단체들로부터 지원을 받았다. 이 프로젝트의 가장 큰 성과는 2000년 3월에 Klosterenga Urban Ecology dwelling이 완성되었다는 것이다. 그리고 이 단지의 개발 이후 주변지역이 같이 개발되었다.

클로스테렌가 주변 컨텍스트

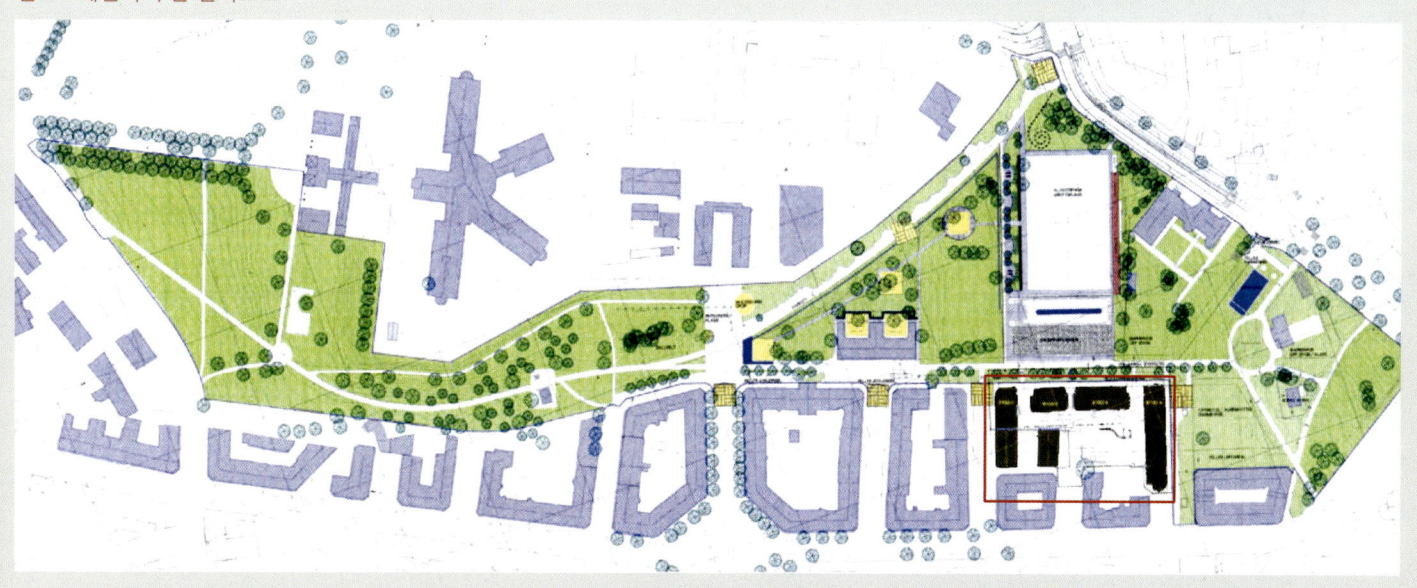

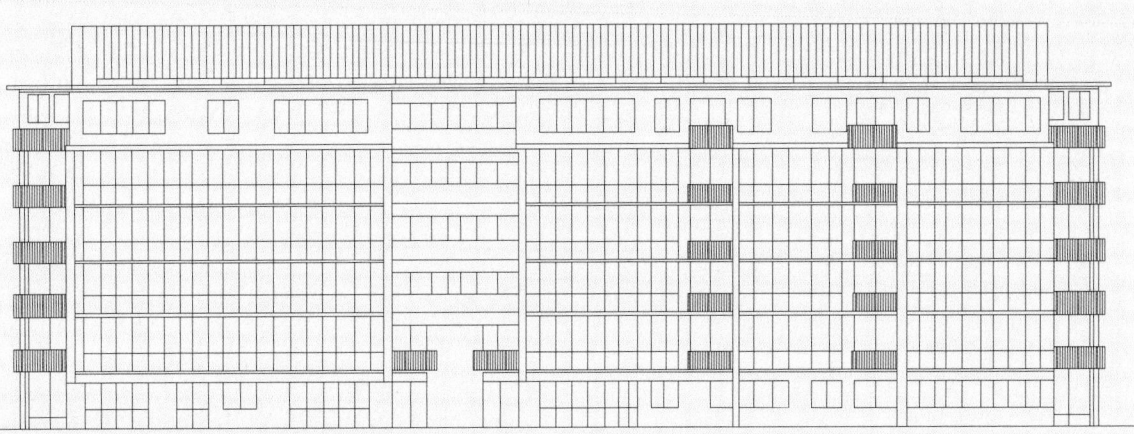

지구특성

Klosterenga project 대부분의 진보적인 요소는 실제로 통합된 생태적 디자인 프로세스를 가진다. 단지내 35세대가 거주하는 주거동은 에너지절약을 테마로 건설되었다. 여기에서 적용된 에너지절약방법은 빌딩구법 또는 디자인차원에서 통합된 요소이다.

적용된 지속가능한 계획요소는 물절약 그리고 지역정화장치, 쓰레기 및 건설폐기물의 양을 줄이는 것, 생태적인 관점에서는 건축재료, 내부기후, 에너지 절약 디자인 및 설비 그리고 passive and active solar energy이용 등이다.

이 중 분명하고 중요한 시스템 중의 하나는 지붕에 위치하고 있다. 이 곳에는 240m² 액티브 솔라 콜렉터를 설치하였는데, 여기에서 연간 대략 100,000kwh의 에너지를 생산한다. 이 에너지로 가정의 온수, 열을 모두 충당한다. 이 시스템은 많은 저장 탱크와 열 교환기를 가지고 있다. 이 프로젝트는 열, 전기 그리고 온수 소비를 지속적으로 모니터링하고 있다.

지속가능한 설계요소

1 Soalr Collector: 난방과 온수공급을 위한 물을 이용
2 Double glazed facade: passive solar system을 이용하기 위한 이중창시스템
3 향상된 단열 성능
4 개별 에너지 측정기: 에너지 소비 모니터링
5 건물 디테일의 단순화
6 재료 종류 축소
7 건축 재료, 자원의 재활용
8 쉽게 이용 가능한 재료의 선택
9 내부환경에 악영향을 미치지 않는 재료의 선택
10 지역 중수 정화시스템
11 외부 잡용수 활용과 공원 친수환경 조성요소로서 우수재활용
12 대지 외부의 공원과 연결되도록 설계 시 건물의 매스 형태 고려
13 모든 주호에서 후정과 공원의 시각적 접근 고려
14 북측에 채광을 높이기 위한 높고 좁은 창문 설계

기준층 평면도

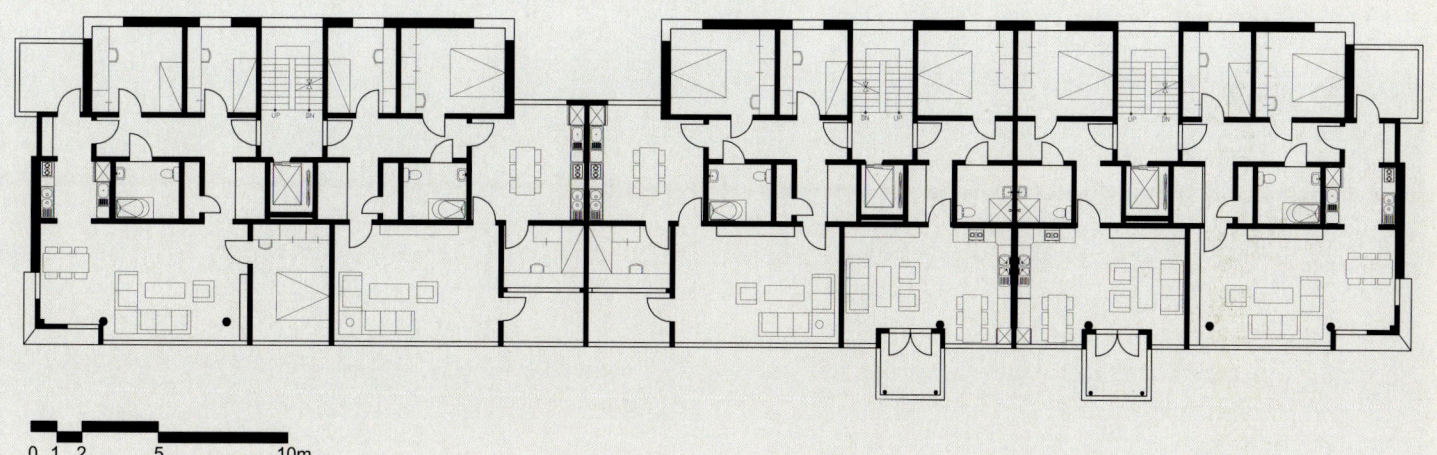

토지이용계획 및 동선계획

이 단지는 오슬로의 시내 부분에 위치하고 있으며, 도시가 처음 정착하기 시작할 때 형성된 대지로 Gamlebyen (Old Town)이라고 불린다. 그러나 20-30년 전부터 교통체증, 전철과 주거지가 인접하여 생기는 소음문제 등이 발생하였고, 많은 이주민들의 정착 등으로 인한 도시문제가 심각해졌다. 따라서 이 문제를 해결하기 위해 재개발 프로그램이 15년 전에 시작되었으며, 교통과 공해를 해소하고 오래된 건물을 리노베이션하기 위하여, "Environmental old oslo quarter"라고 부르는 프로그램이 진행되었는데, 총 900세대의 건설이 목표이다. 이 재개발 계획중, Klosterenga 그린빌딩 프로젝트가 가장 중요한 시범사례라고 할 수 있다.

녹지 및 오픈스페이스 계획

건물의 형태를 단지 뒤 근린공원으로의 연결을 고려하여 쉽게 접근가능하도록 디자인하는 것이 중요한 과제였고, 모든 세대에서 후정이나 공원 쪽으로 시각적인 접근이 가능하도록 고려하였다.

실내환경조절

실내 환경은 필터를 가진 창, 개별 조절 가능한 환기시스템, 표면처리를 최소화한 벽, 벽돌의 투수성을 이용한 수분 함유 방지, 자연소재 등을 이용한 습기제어 등의 수단으로 원활히 조절되어 항상 쾌적한 환경을 조성한다. 또한 아파트의 모든 세대들이 차양장치를 가지고 있다.

개인정원의 녹지공간

녹지와 어우러진 중정 내 수공간

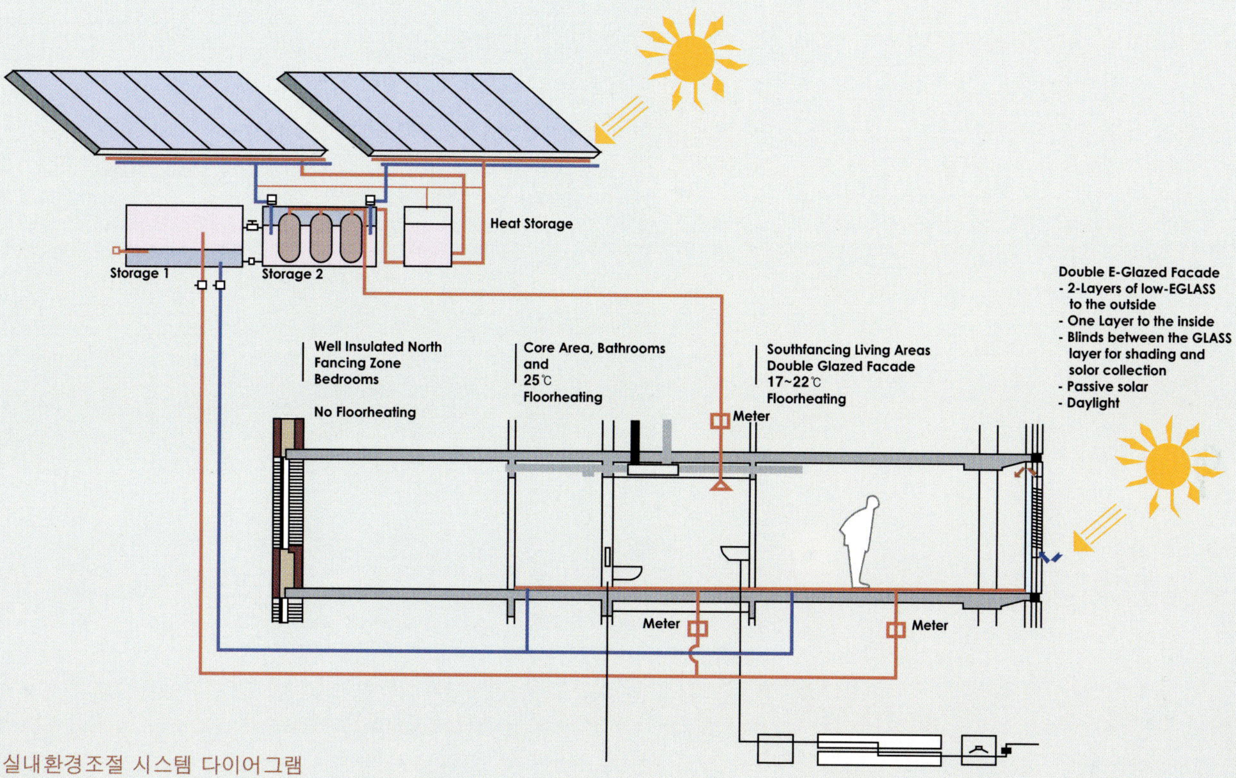
Heat Storage
Storage 1
Storage 2
Double E-Glazed Facade
- 2-Layers of low-EGLASS to the outside
- One Layer to the inside
- Blinds between the GLASS layer for shading and solor collection
- Passive solar
- Daylight
Well Insulated North Fancing Zone Bedrooms
No Floorheating
Core Area, Bathrooms and 25℃ Floorheating
Southfancing Living Areas Double Glazed Facade 17~22℃ Floorheating
Meter
Meter
Meter

실내환경조절 시스템 다이어그램

중정의 모습

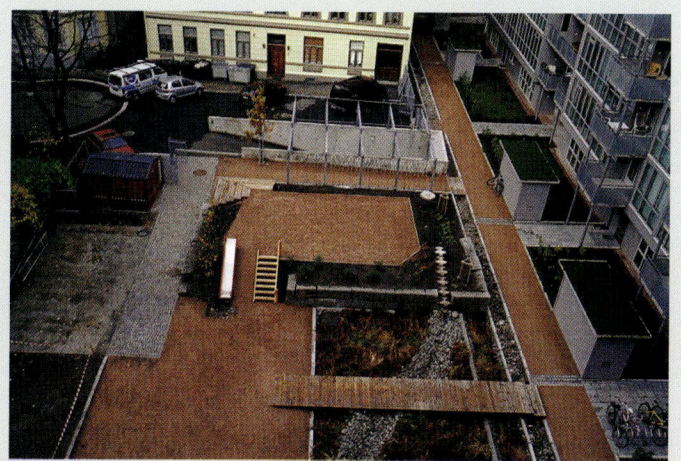

더블스킨과 차양장치

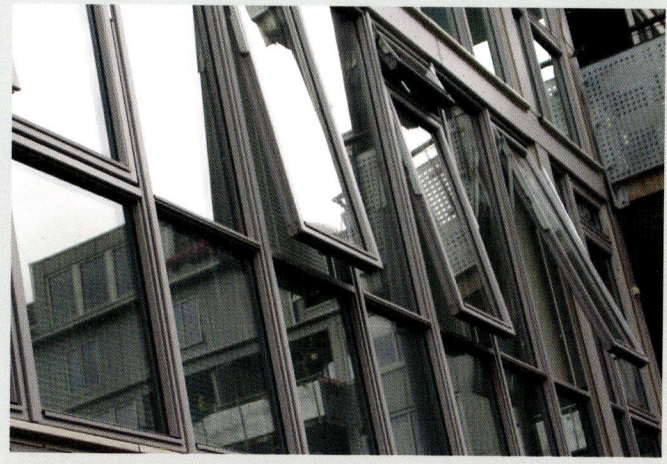

우수활용

자체적으로 우수를 정화시켜주는 시스템을 갖추고 있으며, 외부 및 공원의 친수환경과 비오톱 조성을 위해 빗물을 수집하여 단지로 순환시키고 있다.

유기성폐기물의 재활용

단지내에는 콤포스터 스테이션이 설치되어 있어 각 세대에서 발생하는 생활쓰레기를 퇴비화하는 기계적 장치를 설치하여 일상생활속에서 폐기물을 줄이는 생활을 실천하도록 계획하였다.

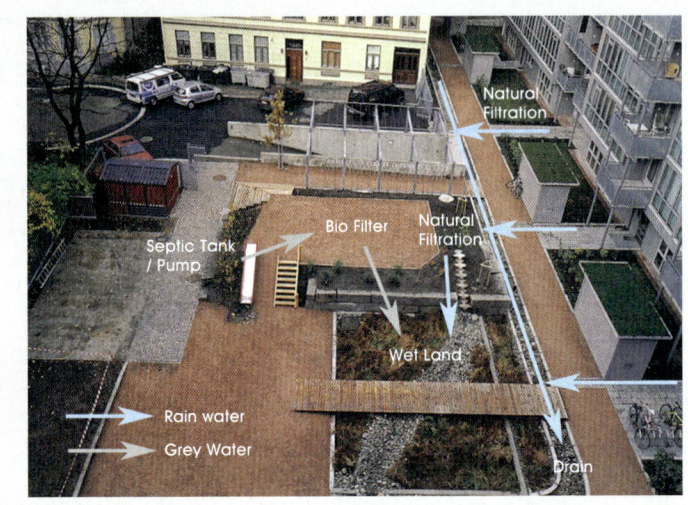

중정에서의 물의 흐름

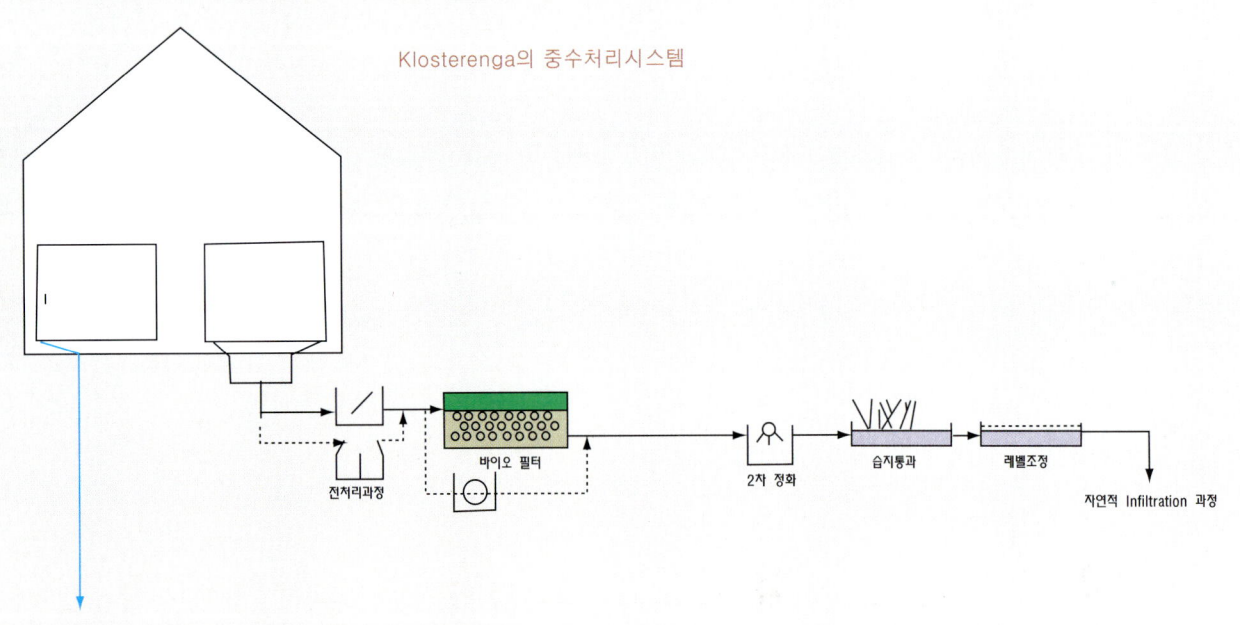

Klosterenga의 중수처리시스템

중정의 자연배수로

친수공간 (Wet Land)

배수로

수공간과 비오톱

Composter

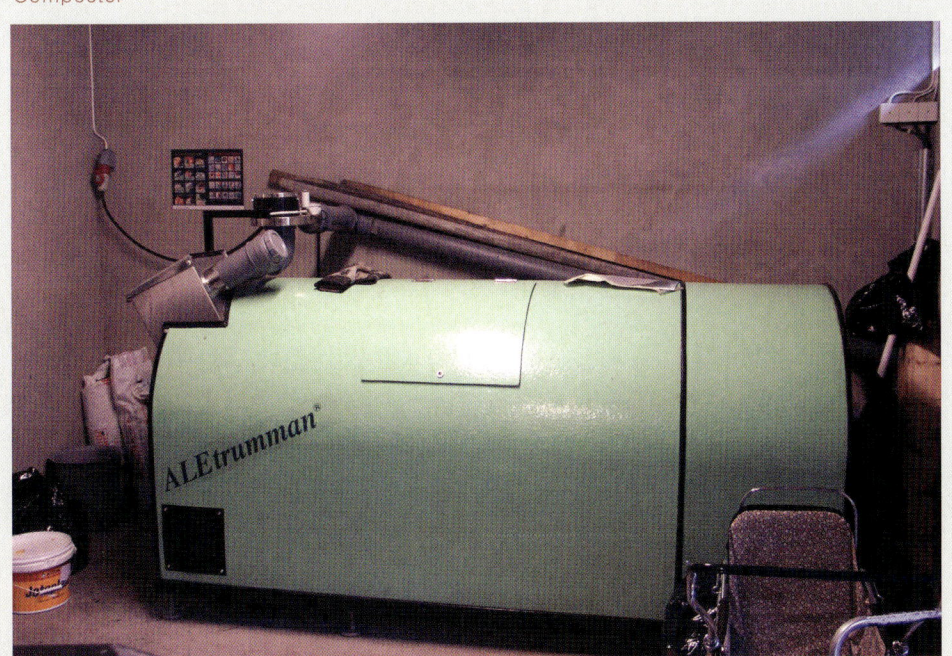

태양에너지의 활용

가정의 온수 그리고 water-based floor space heating을 위한 솔라 콜렉터를 설치하였고, 패시브 솔라 시스템의 한 부분으로서 남쪽에는 더블스킨시스템을 디자인하여 액티브와 패시브 솔라 시스템의 결합을 꾀하였다. 보다 향상된 단열재로 시공하여 에너지 절약을 기하였고, 각각 아파트가 계량기를 소유하고 있다.
건물의 에너지 손실을 최소화하기 위하여 건물의 형태와 향이 태양 방위에 맞도록 건물의 building code 및 건축법 규정을 받았다. 태양열과 재생가능한 에너지원의 사용을 위하여 남측면에 이중외피가 설치되어 환기 및 preheating을 담당하며 중량재로 시공된 바닥과 벽은 열저장고로 사용된다.

이와 같은 노력으로 일반적인 에너지 효율적 건물의 에너지소비는 연간 140-180kWh/m²인 반면에 이 단지는 에너지 소비를 100kWh/m²까지 줄일 수 있었다.

에너지 절약 및 건축재료의 선택

1. 간편화된 건물 디테일
2. 양적으로 감소한 건축 재료
3. 리사이클 또는 재사용가능한 재료
4. 쉽게 유지되고 고칠 수 있는 재료
5. 내부기후에 나쁜 영향을 주지 않는 재료
6. 재활용 및 분리수거가능한 재료

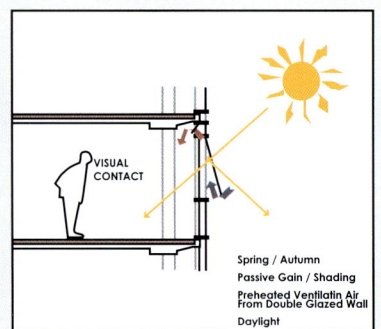

봄과 가을에는, 유리벽으로 부터 가열된 공기가 생활공간으로 유입될 수 있다. 이중창 사이의 블라인드는 햇빛과 온기를 집으로 유입시킬 수 있다. 대안적으로, 블라인드는 열기를 지키기 위해 낮아진다.

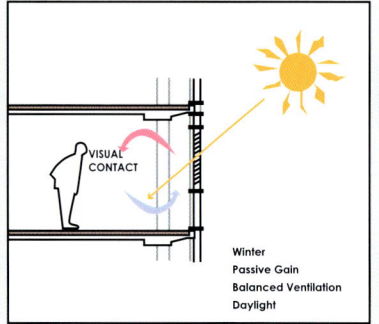

겨울에는, 균형되고 기계적인 공기조화시스템이 이미 사용된 공기로부터 대부분의 열기를 회복한 후에, 필요한 공기를 교환하여 공급한다. 큰 유리창은 패시브 솔라시스템의 기능을 수행하고, 풍부한 채광을 가능하도록 한다.

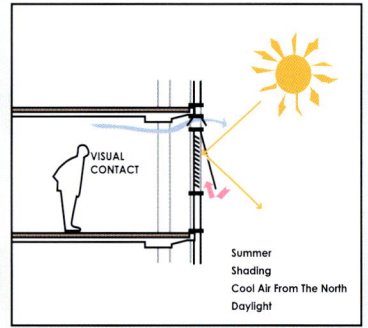

여름에는, 유리벽 내외부의 열릴수 있는 창문이 자연통풍과 함께 내부 생활공간의 온도 상승을 막기 위해 더운공기를 외부로 내보내는 복합적 기능을 한다. 블라인드는 차광을 위해 사용된다.

Solar Collector

연간 태양에너지 모니터링

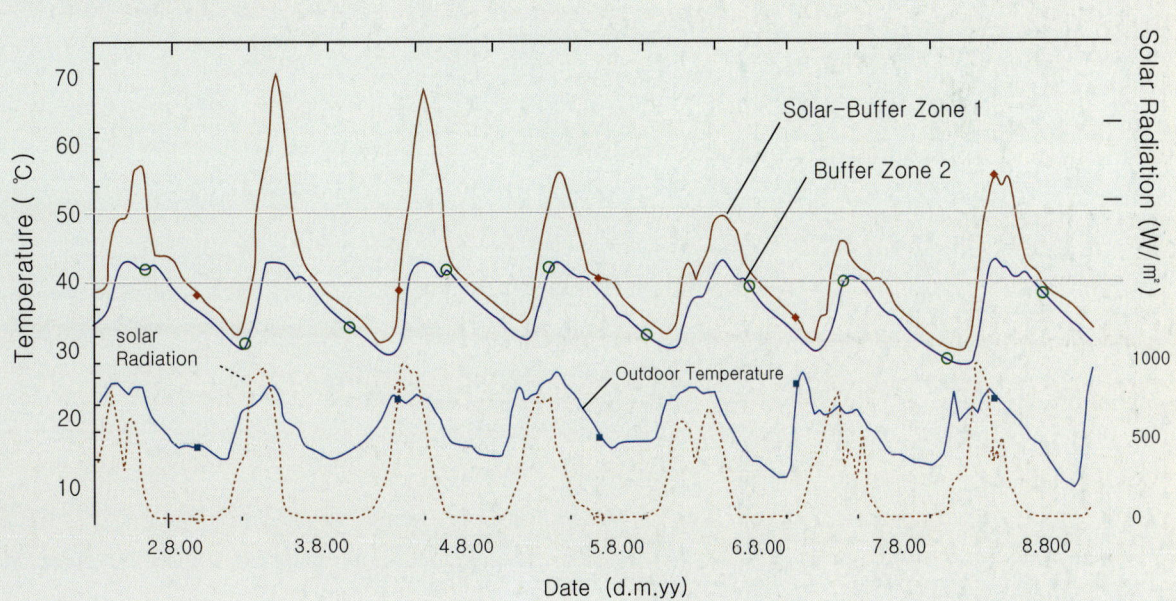

결과와 영향

Klosterenga project는 프로젝트 기간동안에 많은 홍보 때문에 건설산업에 널리 알려졌으며 노르웨이에서 가장 주목받는 생태도시단지로 인정받았다. 또한, EC의 네트워크를 통해서 이 결과를 널리 알렸다. 이 프로젝트는 뱅쿠버에서 1998년에 열렸던 그린빌딩 공모전에서 Housing Project of Century에 출품되었고, Nordic NBO Environmental Price를 수상하였다. 2002년 9월 오슬로에서 Sustainable Building 02에 소개되었으며, 1999-2002년 공사기간동안 500명의 전문가가 방문하는 등 국제적인 명성을 얻었다.

타건물과의 에너지효율비교

Budget item	Reference Building('97)		Case building	
	kWh/m²yr	W/m²	kWh/m²yr	W/m²
Heating	29	22	20	30
Ventilation	38	14	9	5
Domestic hot water	22	15	11	10
Fans and pumps	10	1	19	2
Lighting	17	3	17	3
Various	28	4	28	4
Cooling(AC)	0	0	0	0
Sum	144		104	

지속가능한 계획요소 및 성능

Klosterenga	data	
도시 계획 -건축면적 -연면적 -용적율	1,300m² 3,500m² 270%	
교통 -대중교통 접근 거리 -대중교통 빈도 -자전거 보유량	50m 10분 지하주차장(자전거,차량) 0.7대/세대	
쓰레기 분리 -시공, 해체시 건축폐기물 -생활쓰레기	건축물폐기물 처리계획에 따른 분리수거 분리수거후 퇴비화 외부공간에서 지역쓰레기 분리	
건축 재료 -시공 -입면 -지붕 -창호 -내벽	벽돌/콘크리트 낮은 유지관리율, 벽돌/ 유리 부분적 녹화 목재 집섬보드/벽돌	
단열 -지상 면적 -지붕 면적 -외벽 면적 -창호부 전체 면적	면적(m²) 500 500 880 945	U-value(W/m²K) 0.22 0.15 0.22 1.4
환기 시스템 -외기 흡입 -배출 -열 회수 -환기율(난방기)	열교환되는 기계식 자연, 기계식 병행 75% 1	
Back-up System -난방 -온수공급 -냉방	system 층별, 물식 없슴	energy source 전기+솔라콜렉터 전기+솔라콜렉터
Energy data -난방 -전기(total)	(kWh/m²) 세대당 127kWh/m² (total 195,000 kWh/year) 105,000 kWh/year	
태양 시스템 -Passive -Active	남측면 이중 외피 콜렉터 설치: 20kWh/m² (75,000 kWh /year, 규모: 240m², 전체 에너지의 25% 담당)	
물 -공급 화장실 시스템 -하수 우수 집수 중수 시스템	4,6,9리터 우수저장탱크 지역 생태환경적 수자원 시스템	

KIEL HASSEE Kiel Hassee, Germany
킬 하세 생태주거단지, 킬 하세, 독일

KIEL HASSEE, Kiel
Germany

위치 | Feuerwehrzufart, hassee straße, am Moorwiesengraben

건축주 | Kiel Hasse Commune

건축규모 | 12,000m², (녹지면적 10,000m²)

주택규모 | 21호의 주거계획, 유치원설립, 약 100명이 거주할 수 있는 규모 산정

건축가 | Kieler Scholle e.G

개요

킬 하세는 재생 및 재활용이 가능한 생태건축소재로 건축하였으며, 친환경 소재만을 이용한 건축으로 환경의 질과 생활의 질을 향상시키며, 경제적인 건축을 가능하게 한 성공적 사례로 꼽히고 있다. 이 지역의 생태적 건축을 달성하기 위하여 도시차원에서 요구되는 주거단지의 어린이를 위한 유치원, 공회당, 생태적 건축을 위한 전시공간 등을 계획하였고, 환경친화적인 생활공간 형성에 관한 연속적인 박람회를 개최하고 있다.

마을중심에 위치한 커뮤니티 센터

토지이용계획 및 동선계획

토지이용에 있어서는 대지의 지자기파형 및 수맥검사를 통해 건축이 가능한 부분을 선택하였으며, 선정된 대지위에 각각의 주거그룹을 형성하여 배치하였다. 각 그룹별로 연립되면서도 각 주호는 개별적인 평면을 구성하였다. 토목공사비를 절감하기 위해 대부분 주택에 지하실은 건축하지 않았다.

업무용 건물, 개인주택, 복층주거를 모두 초지와 연계하여 건축하였고, 공동체 생활을 위한 마을회관을 건립하였다.

기존 녹지는 최우선적으로 보존되었으며, 외부로 넓은 휴게공간이 조성되어 있고 이는 인근의 숲, 텃밭, 수로 및 호수로 연결된다.

단지 내에는 관목보다는 작은 수목의 밀식으로 녹지를 구성하였는데, 이것이 개별 주호의 개인정원 울타리를 형성하여 주택의 전면에서 건축물을 차폐하는 역할을 한다. 또한, 등나무를 이용하여 벽면녹화를 실시하였다.

마을도로는 모두 비포장으로 열부하 감소에 크게 기여하고 있다.

물길은 돌과 시멘트로 구성, 깊이가 언제나 일정하도록 하는 역할을 한다.

생태적 정원계획과 및 경관계획이 돋보이며, 야생 잔디지붕이 인상적이다.

비포장된 마을 주진입로

주거동 앞 중정의 녹화공간

비포장도로 상세

자연자원의 이용

① 우수활용
· 우수저장 : 유리지붕, 잔디지붕, 연못
· 하수정화시설 : 단지 내 호수
· 우수저장시설과 하수정화시설의 연계
-20호 정도의 주택단지를 구성할 때 우수를 활용하여 자연정화를 실현하는 것이 주요개념
-물의 양을 확보하는데 하수정화시설을 이용한 중수가 효율적일 수 있다(수량이 우수보다 풍부하기 때문).

○ Household heat exchager and compost toilet

■ Central delivery control-shaft
Thermal Power Station

■ 하수집수장

■ 하수처리장

상수파이프
— 중수파이프
가스-전기공급파이프

— 개인주호에 공급하는 상수, 중수, 전기관

— 하수처리장치로 중수를 배출하는 Main Pipe

킬 하세의 생태계획 시스템

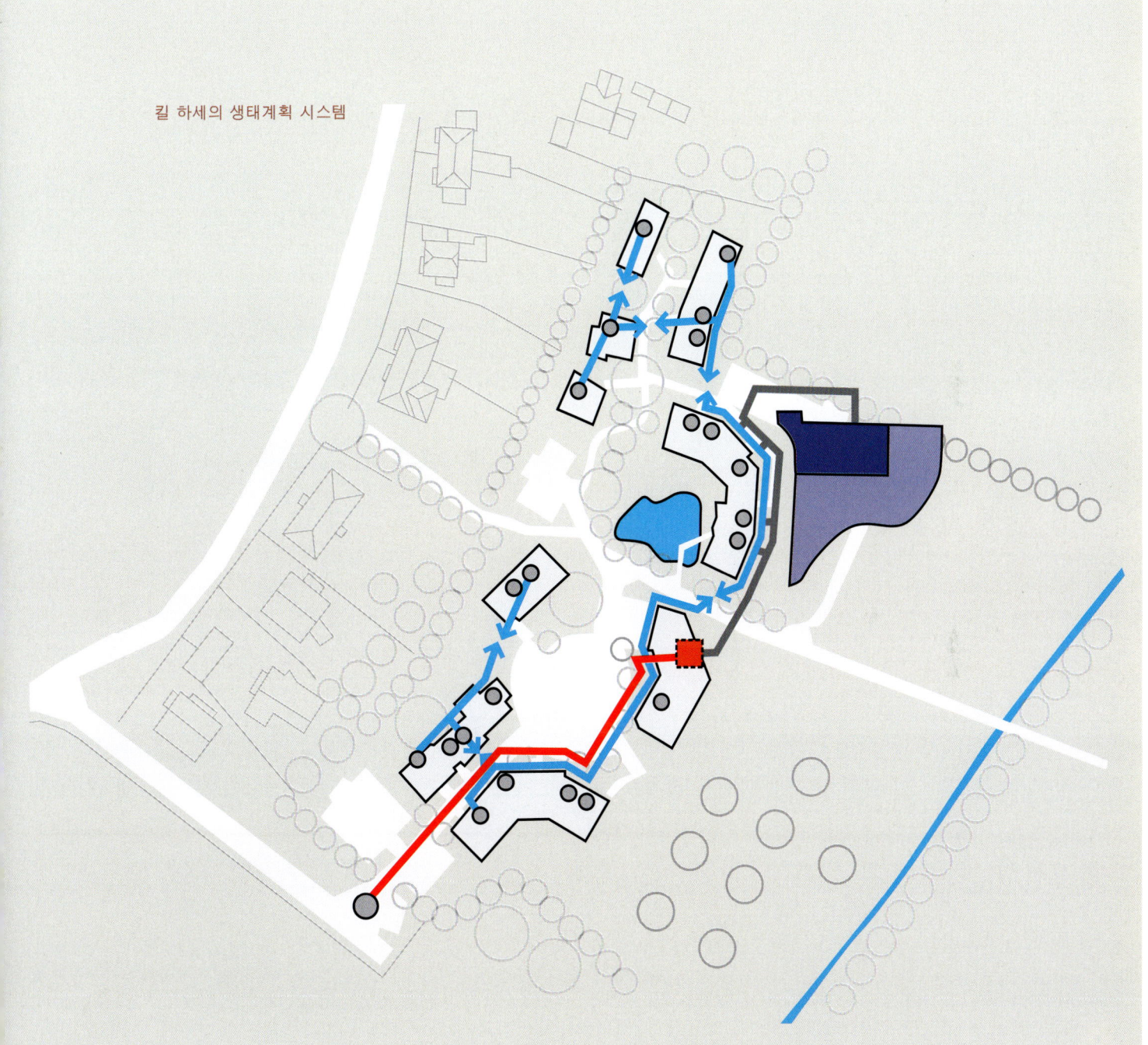

② 하수활용
· 하수를 줄이는 생활방식이 중요(오염된 하수의 경우 대지의 정화능력을 고려하여 배출해야 한다).
· 일정세대에 대한 하수정화로 식재를 이용한 정화와 soil filter를 이용한 정화를 혼합하여 사용하며 이는 2차정화단계로 구성된다.
연못에서 집수된 오수가 단지 중앙의 우수와 함께 외곽 영구녹지에 의하여 정화되며 연못으로 모인 1차정화수를 다시 식물, 토양에 의해 2차 정화를 한 뒤 배출하는 시스템을 가지고 있으며, 현재 수질은 연방기준의 2/3수준으로 바다나 하천에 흘려 보내도 무리가 없는 수준이다.
· 포장면적의 최소화 : 포장면적을 줄여 우수의 유실을 방지하며 이렇게 모인 우수를 우수저장 연못에 저장하며 저장된 우수는 정원수에 활용한다.
· 홈통 밑에 작은 연못조성: 우수를 이용한 시설
-부착온실과 잔디지붕은 우수를 모으는 역할을 한다.
-자연석으로 구성되어 있는 주택 내 우수로로 수로의 끝에는 작은 연못이 연결되어 있다.
· 단지 내 호수가 방재 역할을 겸한다.
· 자연발효식 화장실을 이용한 상수 절약

빗물집수장치

빗물정화장치

하수1차 정화 실개천

하수 2차 정화연못

우수집수연못

외부로 방류되는 실개천

에너지활용

① 재생에너지
- 지역난방 발전소를 이용
- 공동체를 설립하여 공동설비의 공급, 소비 관리
- 자연형 태양열 이용기법을 활용

② 에너지 절약
- 자원절약형 재료의 사용
- 자연재료의 사용
- 발코니를 포함 전체 건축물을 목조로 구성
- 목재기둥의 안팎으로 축열(실내) 및 단열(외벽)개념의 복합구조 구성
- 공공설비실 및 공동 난방시설
- 난방열, 온수 및 전기공급을 담당하는 열/동력 연계 난방설비
- 공기의 투과성이 있는 소재
- 분해가 되는 소재
- 축열성이 큰 소재
- 원 에너지로서 도시가스를 이용

주택유형 및 디자인

- 주택의 외벽 재료는 나무로 되어 있으며, 외장재의 가변성에 효율적이다.
- 저렴하고 재활용이 가능한 소재로 전 주호를 건설한 것이 단지의 주요 특징
- 획일적인 기존의 단독, 연립주택에서 유기적 형태의 디자인이 돋보이는 프로젝트
- 잔디지붕, 유리지붕, PV cell등 친환경적 요소의 도입에 중점을 두어 계획함

부착온실

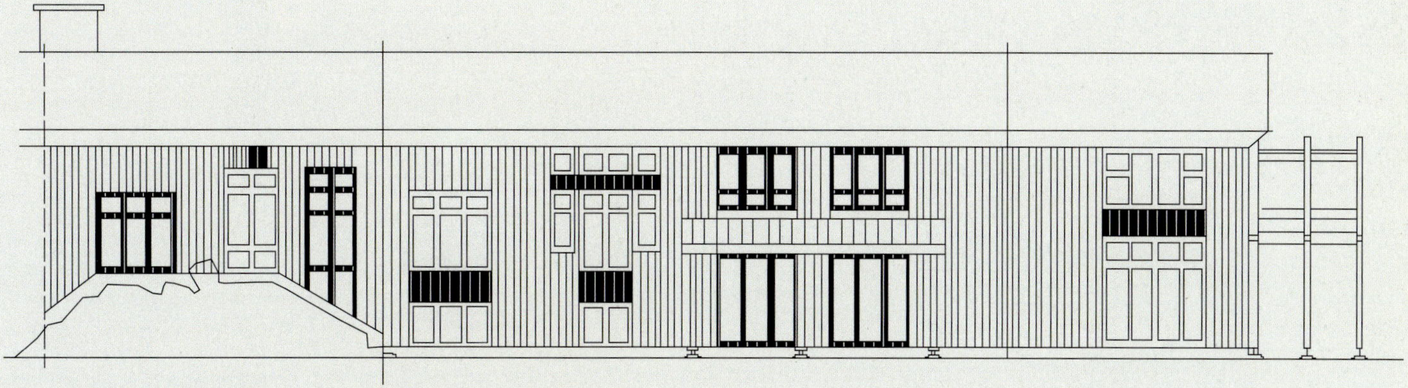

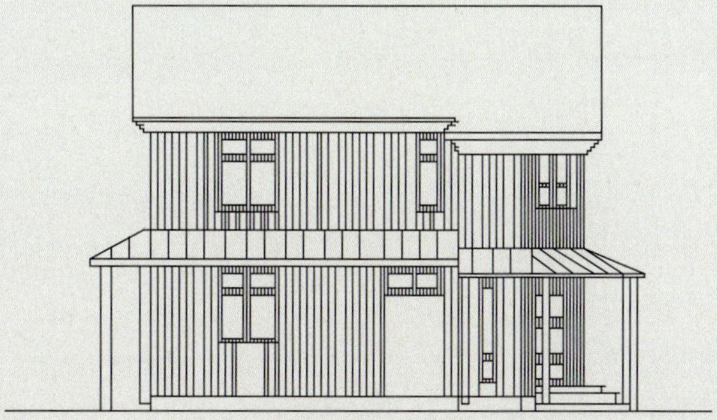

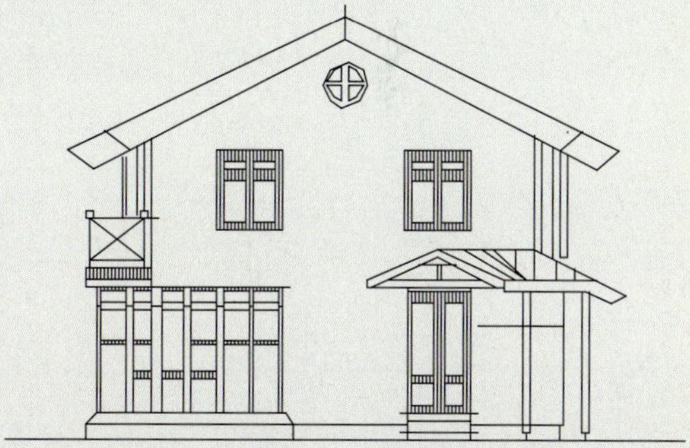

벽면녹화, 지붕녹화된 주택경관

POUNDBURY Dorchester, Dorset, UK
파운드베리, 돌체스터, 돌셋, 영국

POUNDBURY, Dorchester UK

위치| Dorchester, Dorset, UK

건축가| Leon Krier

건설기간| 1993~

건축규모| 1단계 250호(총 3000호 건설예정)

시공자| Duchy of Cornwall

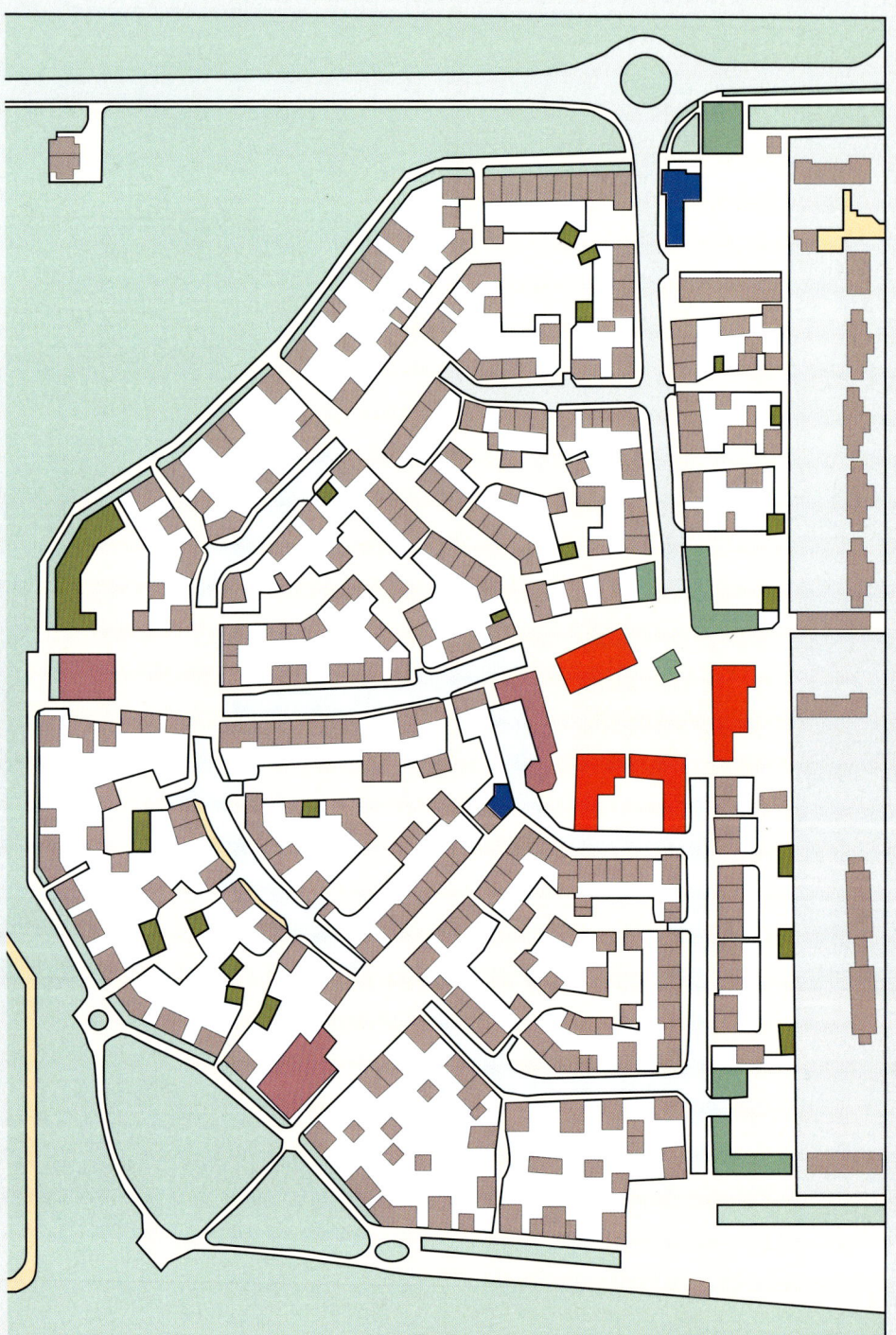

파운드베리 배치도

파운드베리 계획개요

파운드베리는 찰스 황태자의 어번빌리지 운동의 파일럿 프로젝트(Pilot Project)로서 Dorchester경계에 위치하고 있다. Leon Krier를 MA(Master Architect)로 하여 마스터플랜을 수립하였다. 파운드베리는 찰스 황태자의 지원에 의해 1993년부터 건설을 추진하여 현재 250호 규모의 1단계사업이 완료되었다. 이 계획은 유럽, 영국의 전통가로의 복원이라는 점에서 상당한 관심을 끌고 있다. 주거지역, 상업시설 및 업무시설 그리고 공장들이 혼합된 이 주거지는 모든 장소들을 걸어서 이동할 수 있도록 디자인되었으며 개발의 완료시기를 25년으로 잡고 이때가 되면 완벽한 유기적이고 조직적인 지역이 될 것으로 보고 있다.

Poundbury의 목표는 지속가능한 개발과 영국의 전통시가지의 회복이다. 이미 Master Plan에서부터 환경적 지속성을 담보하는 높은 수준의 설계기준을 제시하여 녹지와 투수성 포장과 같은 여러 환경친화 기술을 적용하였다. 이와 함께, 도시의 경관지침을 창문틀에 이르기까지 세세하게 규정하여 전통경관을 현대적으로 훌륭하게 재해석하였다는 평을 받고 있다. 사실 파운드베리만큼 도시설계가 강하게 적용된 도시도 이전에는 찾아보기 드물다. 이러한 도시설계로 얻을 수 있었던 것은 통일성있고, 익숙하며, 장소성있는 공간과 조화로운 도시경관을 만들어낼 수 있었다는 점이다.

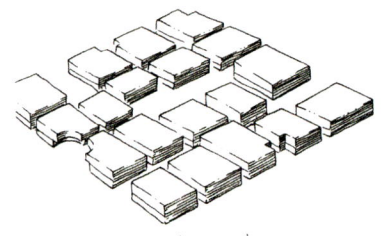
RES (ECONOMICA) PRIVATA

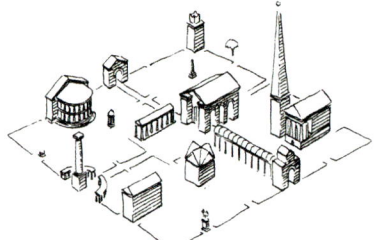
RES PUBLICA

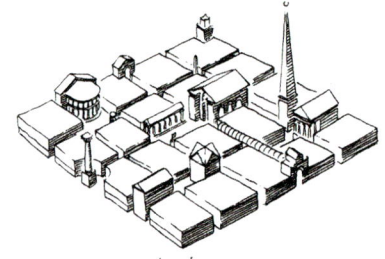
CIVITAS

또한, 외곽의 차량도로, 보차공존도로, 보행자 전용도로의 세가지 레벨로 동선을 계획하고 있기는 하지만, 주로 보차공존도로 중심으로 계획을 하였다. 여기서 활용한 방식은 길에 건물이 배치되었다기 보다 중세의 도시구조에 가까운 건물이 길을 만드는 방식으로 언뜻 불규칙적으로 보이는 길로 만들어 차량의 속도가 자연스럽게 줄어들도록 하였다.

Poundbury가 고밀로 개발된 것은 컴팩트 시티 이론(Compact City Theory)의 영향을 받았으며, 토지이용의 저감과 인프라건설 비용면에서 확실히 유리하다. '고밀'이라는 단어는 우리의 '고밀'과는 다른 개념으로 이전의 영국도시에 비해 매우 조밀한 주택배치라는 의미이다. 이러한 고밀개발의 의미는 토지이용의 효율성과 함께 활력 있고 친근한 거리를 만들기 위함이다. 이러한 고밀한 환경속에서도 환경친화적 기술이 요소요소에 도입되었음은 물론이다. 파운드베리는 영국의 전통적 가로경관과 함께 보행친화성, 환경적 지속가능성, 그리고 커뮤니티활성화를 구현한 보기 드문 사례로서 Urban Village의 역작으로 자리매김을 하고 있다.

파운드베리의 전형적 가로경관

도시경관의 디자인

잘못된 하나의 건물이 다른 잘 장식된 건물들 전체의 모습을 망치는 것은 아주 작은 요소일 경우가 많다. 보통 이런 시각적으로 거슬리는 요소들은 아래에 주어진 몇몇 지침에 의해 제거되도록 하였다.

돔형의 채광창, 영구 플라스틱 블라인드/차양, 플라스틱 상업 간판, 조명장식이 된 간판은 도시의 환경을 악화시키는 요인으로 금지되어 있다.

공용공간의 체계는 도시계획 내에서 제공된다. 외부로 돌출된 개인 텔레비전 수신기도 금지된다. 현관과 로비는 특별한 요구없이는 외부 공용 포장도로쪽으로 돌출시킬 수 없다. 그리고 적절하게 전통적인 양식으로 꾸며져야 한다. 상업간판은 가게 정면 전체높이의 1/8까지만 허용되고 어두운 색의 유리에 금색 글씨여야 한다. 세부 디자인과 글씨는 건축가의 승인하에서만 사용할 수 있다.

중심부의 근린생활시설 경관

보차공존도로 경관

POUNDBURY, Dorchester
UK

원뿔형의 중세지붕디자인

Commercial
Public
Office

도시공간의 특징

레온 크리에는 '장소를 만드는 것'이 곧 건축작업이라고 여기며, '영원한 것은 미학적인 카테고리이며, 시대적인 것은 상징적인 카테고리'라는 롭 크리에의 논리와 맥을 같이 하고 있다. 즉 영원한 인간활동을 담고 있는 것은 형태적으로 남아있는 도시공간이며, 건축양식은 시대에 따라 새로운 형태로 제안되는 것으로서 건축물과 도시공간이 서로 구분될 수 없다고 주장하였다. 이 중 도시공간은 역사의 흔적에서부터 계승되어져야 하며 앞으로도 지속가능한 것으로서 도시공간에서 장소를 만드는 것이 곧 건축가의 선결 과제라고 언급하고 있다.

파운드베리는 이러한 이론에 따라 전통적 도시공간을 형성하는데 초점을 맞추고 있다. 스카이라인과 광장은 물론이지만, 파운드베리의 동선은 방사형과 순환형 도로를 겹쳐서 사용하고 있어 중심공간과 광장, 각 블록의 중정을 유기적으로 연결이 가능하도록 하고 있다. 가로의 구성에 있어서 직선도로보다는 구불구불한 도로를 주로 사용하고 있으며, 길은 마치 건물이 들어서서 길이 만들어진 것과 같은 느낌을 받도록 하였다. 각 길은 그 시선의 끝부분에 시각적 한정수법을 사용하거나 또는 포인트를 줄 있는 하나의 중정을 공유하며 이러한 구성법을 통해 커뮤니티의식의 증진을 도모하고 있다.

활력있는 도시가로이미지

막다른 골목경관

파운드베리 지붕경관

환경친화적 고려

레온크리에는 100mm 벽의 단열재, 200mm의 지붕 단열재, 50mm의 바닥 단열재, 낮은 복사열 유리, 틈새막기, 압축 가스보일러, 단열재와 고효율의 교환기, 낮은 전열 시스템, 바닥난방, 오존 가스 및 CFC와 HCFCs가 들어있지 않은 단열재 등으로 지구환경의 지속가능성에 기여하고자 노력하였다.

구불구불한 길과 투수성 포장도로

시각적 한정수법의 디자인

도시마을
Urban Village

Urban Village의 개념

Urban Village의 개념은 1980년대 후반 Charles 황태자가 이끌었던 Urban Villages Group(현 Prince's Foundation)이 현대의 모더니즘에 대한 반향으로 내놓았던 대안으로 과거의 인간적이고, 혼합용도를 지향하며, 아름다운 경관을 지닌 도시를 구성하는 수단을 통칭해서 정의한 용어이다.

Urban Village라는 용어가 언제부터 쓰이고 있었는지는 정확하지는 않지만, 이미 Charles황태자 이전에도 사용하고 있었던 것은 분명하고, 이것이 거의 고유명사화되어 의미를 부여한 것은 Urban Village Group이 최초라고 할 수 있다.

Urban Village의 뉘앙스는 도시에 위치하면서도 마을(Village)의 특징을 지니고 있어야 한다는 의미이지만, Urban Village Group이 말하고 있는 '도시마을(Urban Village)'은 단순한 시골마을의 이미지로서가 아니라 지속가능한 개발(Sustainable Development)의 개념이 녹아있는 도시의 형태를 말하고 있다.

또한, 과거와 다른 점은 커뮤니티의 형성에 있어서 Open Community를 지향하고 있다는데 있다.

Urban Village 이론의 형성

제인 제이콥스(Jane Jacobs)의 어바니즘(Urbanism) 이후 전통주의가 다시금 활발히 논의되기 시작한 것은 오랜 역사도시를 많이 가지고 있는 유럽이었다. Rob Krier가 지떼의 유산을 물려받아 유럽 중세도시의 공간구조를 전수조사하여 발표한 도시공간이론(Urban Space)은 건축의 새로운 조류로 받아들여졌고, 그의 동생 Leon Krier가 미래의 이상도시 도집 Atlantis를 발간하면서 신전통주의(Neo-Traditionalism)라는 이름의 건축운동은

Urban Village 개념도

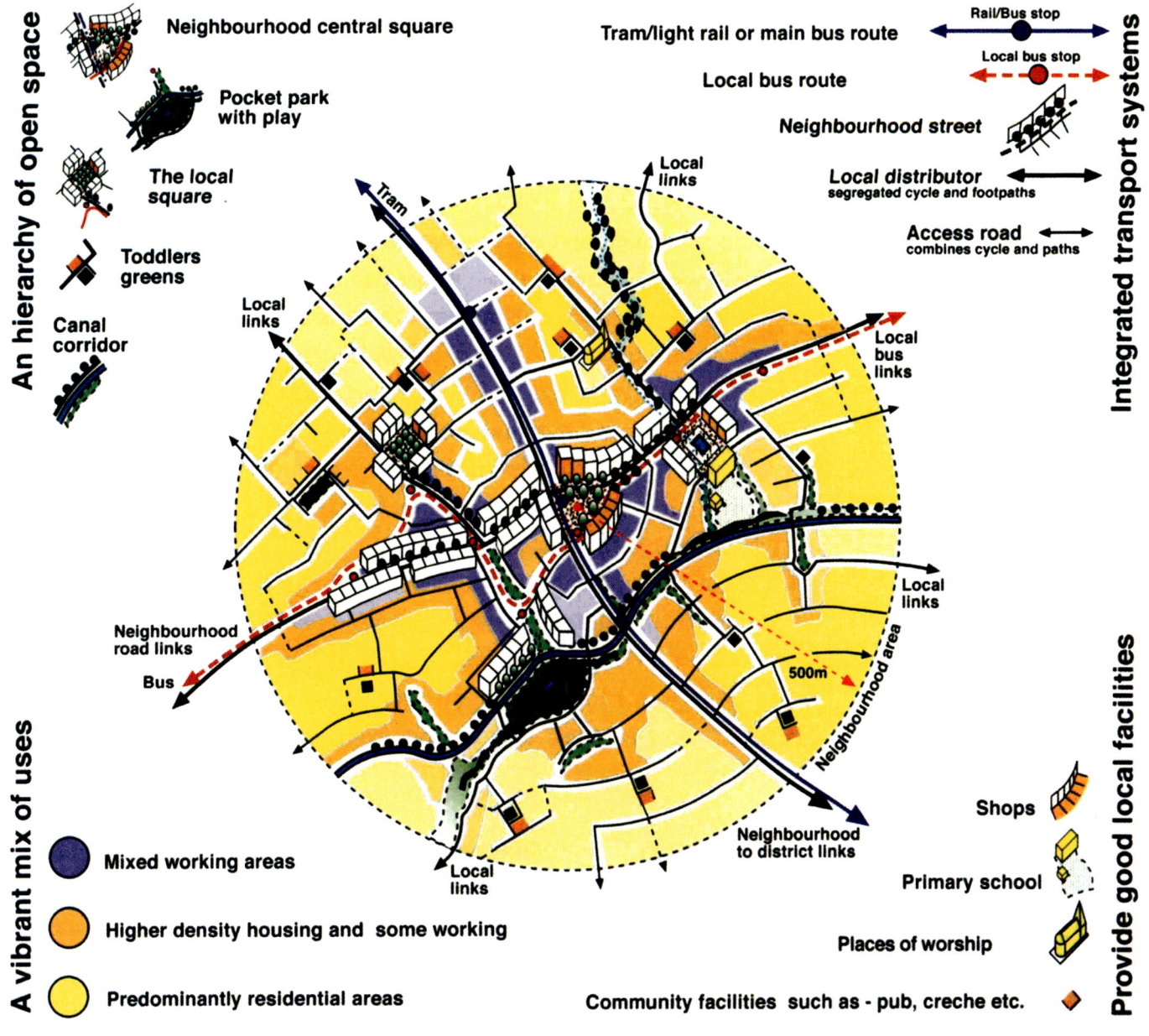

Master Plan Code (도시설계지침)

a. Infra Structure Code
 Infra Structure Code는 Roads, Services, Landscape and Land form의 세 부분으로 나뉘어져 있고, 길의 연결부 디테일과 마감재 및 가로경관, Drainage, 대지와 같은 사항들에 대한 내용으로 구성되어 있다.

b. Urban Code
 주로 마을의 형상을 이루는 요소들로 구성되어 있고, 마을의 크기, 가로의 형상, 공공용지, 여가공간, 공원, 녹지, 커뮤니티 시설등과 같은 내용과 블록의 크기, 보행로, 각 공간들의 통합에 대한 내용과 건물의 위치, 주차등과 같은 전반적인 형상을 다루고 있다.

c. Architectural Code
 건물의 마감재와 같은 겉 모습에 관련된 사항으로 재료, 지붕의 형상, 창문, 대문, 경계부 등의 디테일한 부분의 Code를 제안하고 있다.

d. Public Space Code
 주로 가로와 녹지의 경관과 관련된 사항을 다루고 있다. 스트리트 퍼니쳐나 중심공간, 보행로, 공원, 정원, 식재 등은 모두 이 코드의 영향을 받는다.

활발히 전개되었다. 이후 신전통주의 이론은 Urban Village와 New Urbanism과 같은 이론으로 자리매김을 하게 되었다.

Urban Village의 특징

Urban Village의 크기는 약 40ha 정도의 크기에 3000~5000명의 인구가 거주할 것을 제안하고 있다. 밀도가 대략 75~125인/ha 정도로 기존의 영국 주거지에 비해 높은 밀도를 상정하고 있다. 직경은 400에서 최대 900m정도로 10분 이내에 도달할 수 있는 거리를 그 경계로 하고 있고, 이 거리 이내에 모든 시설로의 접근이 가능하도록 하였다. 이러한 밀도와 크기는 런던의 Soho, Covent Garden, 그리고 Clerkenwell의 스터디를 통해 도출해낸 것이다.

Urban Village는 다양한 사이즈, 다양한 크기, 다양한 직장, 다양한 기능을 수용하도록 계획하고 있다. 이러한 토지이용방식은 직주근접을 통한 도시의 활성화와 에너지 절약, 그리고 궁극적으로 커뮤니티의 통합이라는 주장에 근거하고 있다. 주거의 경우에도 임대주택의 비율을 높여 소득계층을 다양화하도록 하고 있다. 여기에는 다양한 인종, 연령, 주거타입을 혼합하도록 하였는데, 계층간의 만남을 통해 서로간의 이해를 도와 커뮤니티 의식을 고취시키고, 민주주의를 자연스럽게 체득하도록 위한 것이다.

Urban Village가 제안하고 있는 도시구조는 주로 보행중심으로 구성되고, 각 가로가 중심공간으로 유연하게 연결되도록 한다. 가로는 구불구불하여 차량의 속도를 저감시키는 한편, 시각적인 한정수법을 통해 지루하지 않고 친근한 가로경관을 창출하도록 한다.

도시의 중심에 대중교통의 결절점을 위치시킴으로서 인근도시와의 연결성을 높이면서 보행으로 대중교통에 접근이 가능하도록 하였고 보행체계는 대체로 방사격자형이 기본이 되며, 빠른 시간 안에 접근이 가능하면서도 선택을 자율성을 높일 수 있도록 하고 있다.

Urban VIllage에서 경제적 지속성의 목표는 1:1의 고용이다. 이것은 주택과 직장의 균형을 맞추고, 도시의 자족성을 높이기 위해서 이다.

Urban Village의 가장 중요한 특징중의 하나가 세분화된 Master plan이다. 이것은 도시를 구성하기 위한 지침으로 도시를 하나의 통합된 완결체로서 구성하기 위한 것으로 크게 Infrastructure Code, Urban Code, Architectural Code, Public Spaces Code로 나뉘어 있다.

그밖에 환경적 지속성을 추구하기 위한 Environment Action Plan이 추가되어 있다.

Urban Village의 실현

Urban Village가 실현된 사례는 크게 두 개로 나누어 볼 수 있다. 그 기점이 되는 부분이 파운드베리인데, 3대 지속성-사회적 지속성, 경제적 지속성, 환경적 지속성-의 종합적인 고려여부가 이 둘을 가르고 있다. 파운드베리 이전에 실현된 사례로는 글라스고우의 크라운 스트리트(Crown Street), 맨체스터의 흄(Hulme), 런던 도크랜드지역의 웨스트 실버타운(West Silvertown)등이 있다. 파운드베리는 전통적 도시계획의 원리와 3대 지속성을 고려한 최초의 단지이다. 최근의 사례로는 도크랜드 밀레니엄 빌리지(Millennium Village)가 있다. 1998년 영국정부는 밀레니엄 빌리지를 Urban Village의 미래형 모델로, 차세대 주거의 원형(Prototype)으로 지정한 의미있는 단지이다.

Urban Village의 Ten Principles

1. *THE PLACE* 휴먼스케일의 친근한 전원 풍경창출
2. *HIERARCHY* 각각의 건물들의 크기와 위치는 각각의 중요도와 관련
3. *SCALE* 휴먼스케일의 건물
4. *HARMONY* 근린과의 조화, "street rhythms"
5. *ENCLOSURE* 담장이 있는 정원과 페이빙된 공공광장
6. *MATERIALS* 친근한 지역재료의 사용
7. *DECORATION* 전통적인 풍부한 디자인
8. *ART* 건물에 통합된 예술
9. *SIGNS & LIGHTS* 간판과 조명은 경관과 통합되도록 디자인
10. *COMMUNITY* 주민참여적이고 인간친화적인 환경

Village Homes Davis, California, USA
빌리지홈스, 데이비스, 캘리포니아, 미국

Davis시 Village Homes 주변의 항공사진

VILLAGE HOMES, Davis
USA

위치	University town, Davis, California, USA
발주자	Village Homes
설계자	Michael Corbett and Judy Corbett
건설기간	1975~1981
총면적	대지면적 70acre 중 건축면적 32acre
총세대수	240세대 (단일세대: 220, 아파트: 20)
총거주자	650명

Village Homes 배치도

개발배경

Village Homes는 처음부터 지속가능한 공동체의 설계라는 목표로 계획되어진 주거단지이다. 완공 후 20년이 지났지만 공동체 내에서 거주자들은 충분한 만족감과 자부심을 느끼고 있다. Corbett 부부는 Community 건설 초기부터 이곳에 생활하고 아이를 키우며 살기 좋은 공동체를 만들기 위해 노력했다. 그 결과 Village Homes는 지속가능한 개발의 가장 성공적인 사례중의 하나로 꼽히며 아이들을 기르기에도 가장 안전한 마을이 되었다.

계획가: Michael Corbett & Judy Corbett

Michael은 California Davis 시에서 환경친화적이고 지속가능한 개발을 전문으로 하는 대표적인 Town Planers중의 한명이다. Judy는 Sacramento에 있는 Local Government Commission의 집행위원으로 Community의 경제, 사회적이고 환경적으로 지속가능한 개발을 위해 일한다. Michael과 Judy는 함께 Village Homes를 계획하고 발전시켰다.

계획의 시대적 배경

지난 50년 동안 미국에서의 집중적인 도시성장 패턴은 거주지역과 상업지역, 공원을 물리적으로 서로 분리시키는 등의 불균형한 확장의 형태로 이루어졌다. 동시에 이런 불합리한 토지 사용에 의한 자동차의 증가는 끊임없는 교통 혼잡과 공기오염을 가속화했다. 또한 숲과 농경지와 Open Space가 급속한 인구증가에 의해 잠식되었다는 것이다.

1970년대 들어서 Sustainable Community 개발은 가속도를 받게 된다. 수많은 실수와 실험의 결과로 도시개발에 중요한 3가지 원리를 발견했다. 첫번째는 환경친화적인 자원의 지향이다. 두번째로는 유기농업의 개발과 채택이고 마지막 것은 지속가능한 Community의 건설이다.

Village Homes 계획의 8가지 가정

Village Homes의 설계는 우리가 지속가능한 도시설계의 기본이라고 생각하는 수많은 과학적이고 심리학적인 가정들로부터 시작되었다. 이런 가정들로부터 Corbett 부부는 그들의 목표를 발전시켜 갔다. 8개의 가정 중, 처음의 4개는 생태학적인 원리에 기초를 둔다. 나머지 4개의 가정은 사람이 만드는 환경의 영향에 기초를 둔다.

1. 모든 생물들은 다른 생물 혹은 무생물들과 무한하고 미묘한 관계를 이루며 생존한다.
2. 생태적으로 다양한 형태의 종으로 구성되어진 사회가 환경의 변화에 더 잘 적응할 수 있다.
3. 생태계는 유입된 에너지에 의존하는 복잡한 에너지 이동시스템이다.
4. 재활용, 재생의 자원으로써 인간의 기본 욕구를 충족시킬 수 있다.
5. 인간은 생태계와 사회환경 속에서 다양한 심리적인 욕구를 가지고 있다.
6. 인간은 지난 20,000년간 다양한 환경에 적응해 왔다. 이것은 지각하고 행동하는 방식과 사회환경에 관련된다.
7. 인간과 환경은 같은 방향으로 나아간다. 즉, 인간이 환경을 만들고, 환경이 인간을 만드는 것이다.
8. 인간은 광범위한 범위의 환경에 적응할 수 있다. 하지만 유해한 환경은 일시적으로

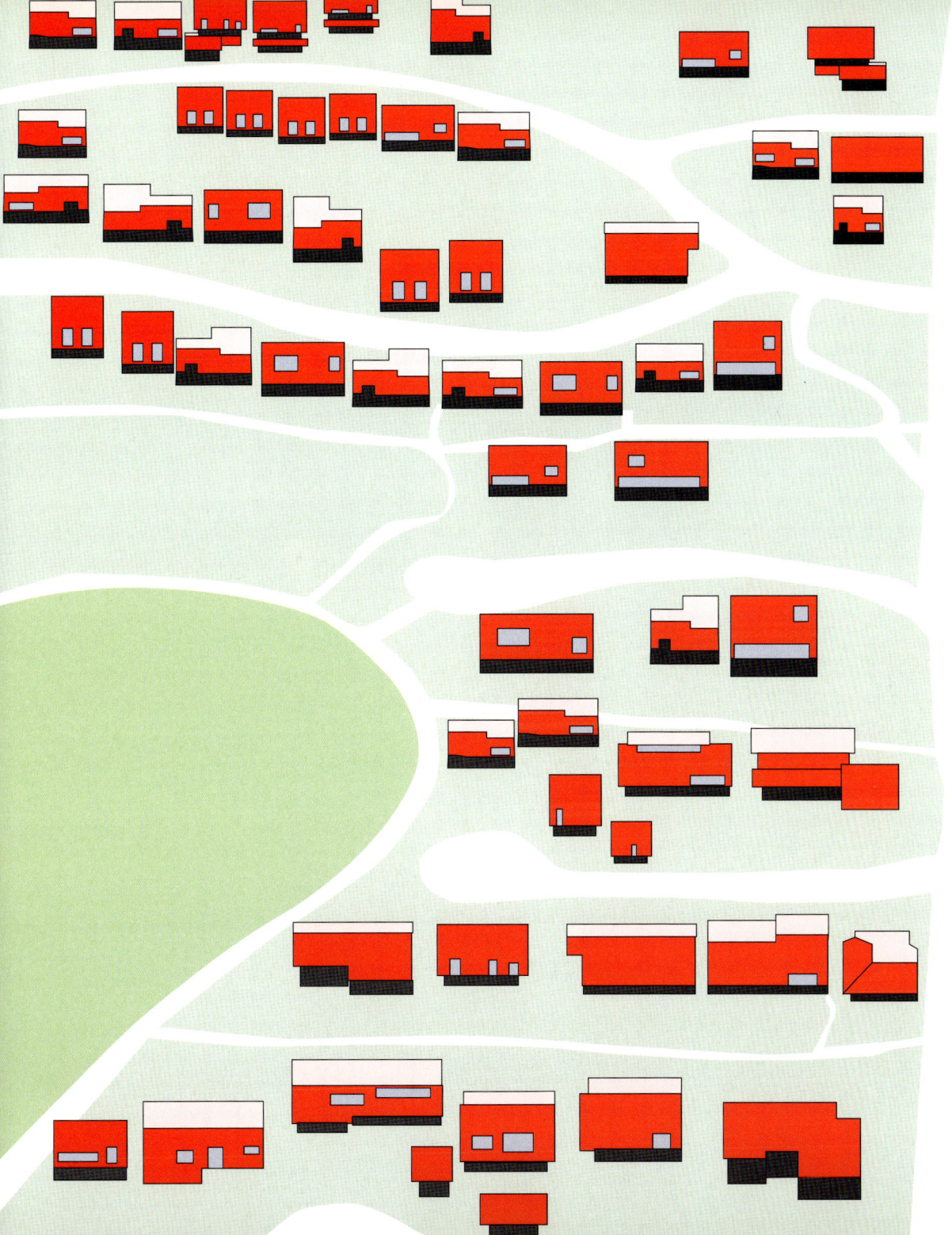

Planning Elements

Village Homes의 계획요소

Sense of Community

Village Homes는 8가구로 이루어진 Cluster 안에서 이웃들 간의 교류를 증진시키기 위한 계획을 하였다. Cluster 안의 가구들은 공용녹지에 서로 면하고 있으며 각각의 공용 녹지들은 보행자 전용도로나 자전거 도로로 연결되어 있다. 공동체 내에서의 결속력을 강화하려는 Corbett 부부의 노력은 각각의 Cluster에서 뿐만 아니라 마을 전체적으로도 성공적이었다. Village Homes에서는 매년 가을 열리는 수확을 기념하는 축제를 비롯해서 크고 작은 행사가 주민 자발적으로 시행되고 있다.

마을광장에서의 휴일축제모습

Community Building

Village Homes는 Davis 시의 공원이나 여가 시설에 의존하지 않고 공동체 자체적인 Community 시설을 운영한다. 공동의 수영장과 Community Center, "Village Green"이라는 2개의 공원과 2개의 운동장은 이웃간의 친교활동 장소와 아이들이 안전하게 놀 수 있는 장소를 제공한다. 또한 Cluster 안에 공유되는 공공정원은 주민들이 쉽게 접촉할 수 있는 여건을 조성해 준다.

Homeowner's Association

주민들은 "Homeowner's Association"을 조직하여 자신들의 공동체를 직접 운영하고 발전시켜 나간다. 그들은 경제적인 결정, 녹지의 보존, 경작물의 수확과 분배 그리고 상업건물과 아파트의 분양과 마을 발전에 대한 계획 등의 행정적인 결정을 직접 한다. 이러한 결정들을 행하는 과정에서 이웃들 간에 상호교류가 활발해지는 효과가 있다.

Isolation from Rest of the City

Village Homes가 계획된 초기에는 이 공동체가 Davis 시의 다른 도시들과 물리적으로 단절되어 있다는 지적이 많이 있었다. 하나의 공동체 안에서 인간 욕구의 대부분을 해결할 수 있는 자생력을 지닌 마을이었기에 이런 우려가 있었을 법도 하다. 하지만 이러한 지적들은 곧 기우임이 밝혀졌다. 격자로 뻗어있는 자전거 도로와 보도들은 주변 마을 주민들에게도 산책과 조깅 코스로 사용되고 Village Homes의 놀이터들에는 이웃 마을 아이들이 놀러오기도 하였다.

Community with Diverse Population

Corbett 부부는 다양한 분야의 사람들을 하나의 공동체로 조직하려고 시도하였다. 그래서 저렴한 가격의 아파트를 20세대 분양하였다. 이들의 목표는 전체 인구의 16% 정도를 저소득 근로자로 채우는 것이었고 그에 따른 계획을 세워갔다. 농업 종사자나 파키스탄 등지에서 온 소수민족들에게는 Village Homes 건설에 참여하여 일자리를 제공하였고 이들은 여기에서 기술을 익혀 수년 후에는 그 기술의 전문가가 되어갔다. 또한 시간이 흘러서 이들은 Community의 완전한 일원이 되었다.

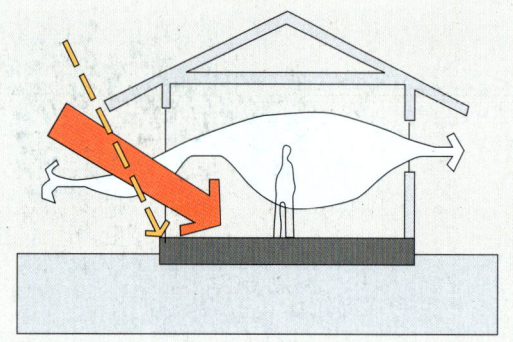

Natural Heating & Cooling System

향의 고려
Village Homes의 모든 가구들은 남쪽을 면하고 있다. 남쪽 지붕에는 태양열 집열판이 부착되어 태양열 에너지를 적극적으로 이용할 수 있게 계획되었다.

Solar Energy System
모든 가구들은 단열이 잘 되어있고, 집열판이 부착되어 있다. 이런 집열판으로 낮에 충전시킨 태양열 에너지를 밤에 사용할 수 있게 한다. Village Homes에서 태양열 에너지는 주로 온수로 사용된다. 태양열 에너지는 여름에는 주민 온수수요의 100%를 만족시키고 겨울에는 일조량이 적기 때문에 사용 온수의 50% 정도를 충족시킨다. 자연 태양열 온수기는 그 밖의 펌프나 제어기 등의 기계장치를 필요로 하지 않는다. 기본적인 태양열 집열판 이외에 현관과 집안 사이에 채광을 할 수 있는 천창이나 아트리움을 설치하여 실내 공기를 따뜻하게 여과한다. 이 장치는 집안 난방의 10%정도를 담당한다.

Natural Cooling System
Village Homes의 도로들은 비교적 폭이 좁고 활엽수들로 그늘져 있으며 비포장이다. 여름철이 되면 Village Homes의 도로들은 그늘로 뒤덮여 온도가 10도 낮다. 또한 아스팔트 포장을 지양하는 경향은 열섬(Heat Island) 현상을 막아 준다. 이는 비교적 여름기온이 높은 지역인 California 지방에서 마을 전체의 온도를 낮추는 역할을 한다.

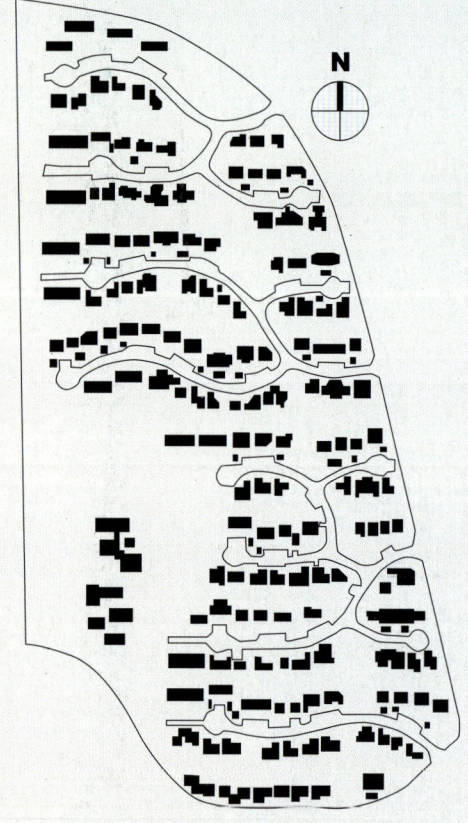

태양열 집열판

여름철 활엽수로 그늘진 모습

Road System (walking, bicycling and Street)

Walking & Bicycling

Village Homes와 Davis 시는 도보와 자전거 사용을 장려하기 위해서 많은 노력을 하였다. Davis 시에는 사람보다 자전거가 더 많고 모든 이동의 25퍼센트가 자전거로 이루어진다. Village Homes의 자전거 도로는 마을 사람 대부분의 일터인 Davis 시와 University of California, Davis의 자전거 도로와 연결되어 있다. 이곳은 자동차 대신 자전거가 장려되는 대학 캠퍼스와 같아서 대부분의 사람들이 자전거를 타고 일하러 간다.

Cul-de-Sac

Village Homes의 Cul-de-sac과 격자형의 자전거 도로는 상업지역과 공원 또는 보육원에 갈 때 자전거를 타거나 걸어가는 것을 차를 타고 가는 것보다 더 빠르게 하여 친환경적인 이동을 유도하였다. California에서는 전체 에너지의 절반 정도가 자동차 운행에 소비되는데 반하여 Village Homes의 자전거 장려는 휘발류의 소비를 줄이고 거주자가 매일 운동하게 함으로써 그들의 건강을 유지할 수 있다.

Narrower Street

Village Homes의 도로들은 주변 Davis 시의 일반적인 다른 도로들보다 폭이 좁다. 일반 도로의 폭이 44~52ft 이상인데 반하여 Village Homes의 도로는 20~25ft정도이다. 이런 좁은 도로는 개발의 비용을 줄였고 여름철의 아스팔트 가열 현상을 최소화했으며, 교통량과 소음을 줄임으로써 삶의 질을 높이는 효과를 거두었다. 더욱 중요한 것은 아이들이 사고의 위험에서 벗어나 안전하게 뛰어놀 수 있는 환경을 만들었다는 것이다.

Davis시 도로시스템

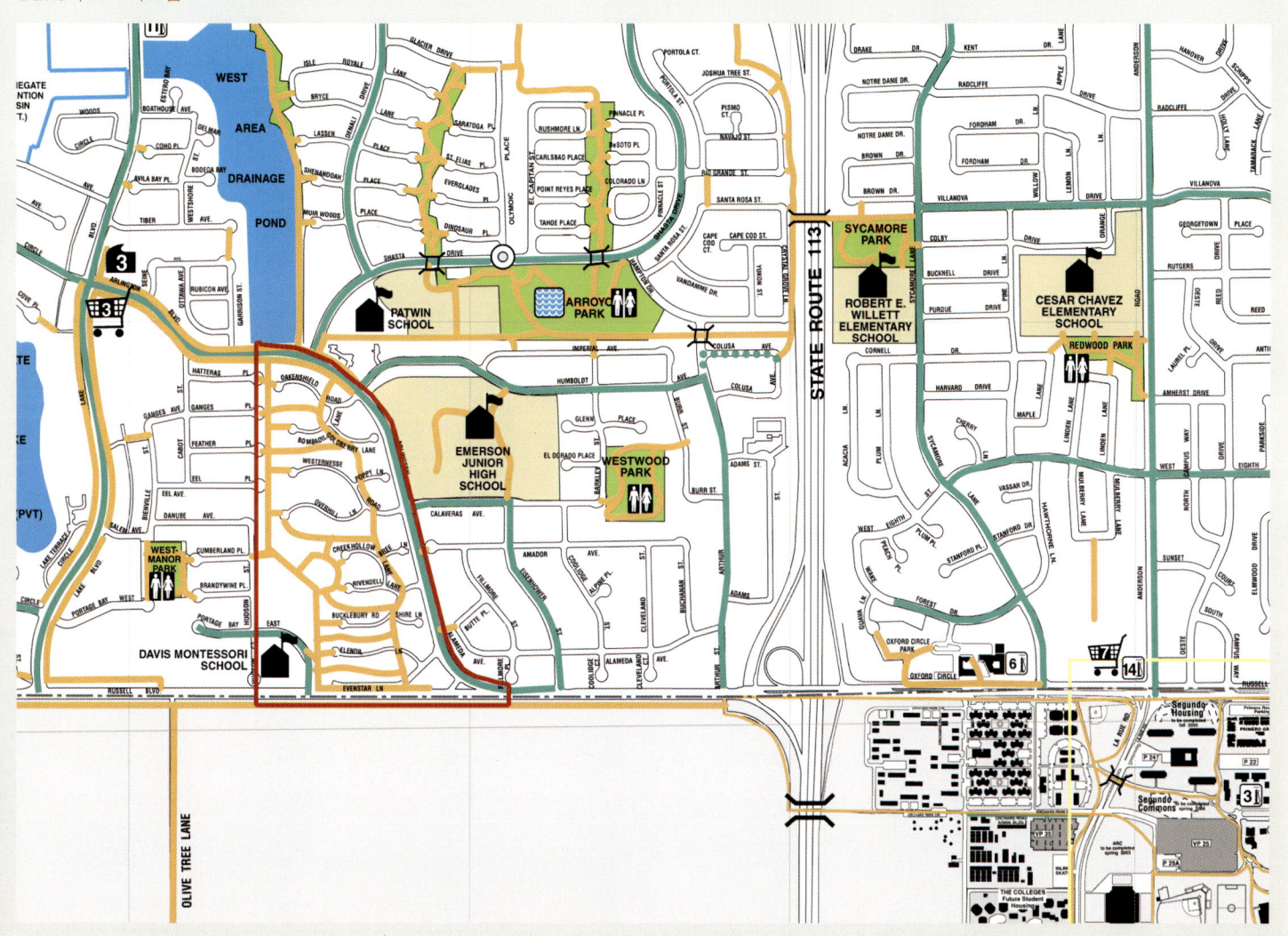

Landuse (Edible Landscaping)

Neighborhood Agriculture

Village Homes에서는 전체 대지 면적 중 12에이커를 과수원과 포도원 등의 마을 공동의 경작지로 사용하고 있다. 거주자들은 공동체 내에서 소비하거나 인근의 식당 등에 납품할 야채, 과일, 꽃 등을 재배한다. 또한 Michael Corbett는 몇 개의 과수원과 포도원을 계획하여 아몬드, 체리, 복숭아, 배 등을 경작하고 재배한다. 거주자들은 아몬드를 제외한 모든 과실들을 자유롭게 수확할 수 있다. 아몬드는 기계로 수확하여 외부에 매각한다. 물론 이러한 수익금은 공동체의 유지와 발전을 위해 쓰이며 매년 3,000 달러의 수익을 올리고 있다.

Village Homes 농업지

개인과수원 표지판

Garden for oneself(Identity)

거주자들은 각각의 Cluster 사이의 공용 녹지를 직접 가꾸고 다듬어 나갈 수 있다. 이들은 각자의 개성과 취향에 맞게 선택하여 잔디나 나무를 심고 자기가 원하는 야채나 과일을 심을 수 있다. 결국 각각의 공용 녹지들은 그 곳의 거주자들만의 Identity를 가지고 또 다른 Community를 형성하는 계기를 만들게 된다.

Community Garden

Village Homes는 대지가 비교적 작기 때문에 집들을 작고 아담하게 만들었고 대부분의 집들은 이층집으로 되어 있다. 또한 Cul-de-sac의 개념을 사용하여 포장도로를 줄였다. 이런 결과로 Village Homes는 Davis시의 일반적인 다른 마을보다 15퍼센트의 대지를 더 이용할 수 있게 되었다. Village Homes의 대부분의 유휴지들은 과수원과, 포도밭, 정원 등의 Community 공간을 만드는데 이용되었다.

주택전면의 개인텃밭 및 정원

Natural Drainage System

배수시스템의 원리

Village Homes 배수처리 시스템은 일반 도시들과 다르다. 이곳에서는 공용 녹지 사이로 배수가 흘러간다. 값비싸고 낭비적인 배수시스템에 대한 자연친화적인 대안인 것이다. 일반적인 전원도시에서는 도로 쪽으로 경사가 낮아져서 비가 오면 물이 도로로 흘러간다. 이럴 경우 폭우나 장마철에는 자연스레 도로가 범람하는 원인이 된다. 하지만 Village Homes에서는 반대의 체계를 가지고 있다. 경사가 도로에서 공용 녹지로 기울어져서 빗물은 녹지 쪽으로 모여서 주택의 뒷마당에 자연 그대로의 개울이 형성되는 것이다. 또한 작은 조각들로 만든 작은 댐을 설치하여 물의 흐름을 조절하고 파도가 치는 것을 방지한다.

배수시스템에 대한 우려

초기에는 Davis시의 도시개발 관계자들이나 공공사업부서에서는 자연 배수처리 시스템의 도입에 반대를 하였다. FHA(연방 주택 관리국)에서도 허가를 내주지 않았다. 모든 사람들이 이 시스템이 제 역할을 하지 못할 것이라고 믿었다. 또한 유지와 보수도 힘들고 충분한 양의 빗물을 흡수하지 못할 것이라고 생각했다. 한 관계자는 빗물로 형성된 개울이 기생충의 서식지가 될 것이라고 말했다. 하지만 거주자들의 경험에 따르면 공동체가 개발되고 20년 이상이 지난 지금까지는 이러한 문제점은 나타나지 않았다. 개울들은 배수 시스템으로서의 역할을 충분히 수행하고 있으며 유지, 관리하기도 쉽다고 한다. 또한 개울에 벌레의 유충을 잡아먹는 물고기를 서식시킴으로써 모기 등의 문제를 해결하였다.

Extra Effects

Village Homes에서의 배수 시스템은 또 다른 장점을 지니고 있다. 거주자들이 꼽은 이 시스템의 가장 좋은 점은 바로 쾌적한 경관의 호수와 우기에 들리는 물 흐르는 소리이다. 마을의 아이들은 개울가에서 친구들과 진흙 장난을 치고 여러 가지 자연을 느끼면서 성장할 수 있다. 경제적인 측면에서도 이 시스템은 성공적이었다. 1975년 개발 당시에 별도의 기계적 배수 처리 장치를 설치하지 않았기 때문에 개발자는 가구당 800달러 정도의 비용을 절약할 수 있었고 이 비용은 모두 공공의 편의를 위해 쓰여졌다.

자연배수시스템의 다양한 기법

Development as an Ecoburbs

Village Homes는 생태적인 측면에서도 매우 충실한 설계를 하였다. 마을의 모든 주민들은 마을 어디에서든 친환경적인 감정을 느낄 수 있다. 환경적으로 쾌적한 생활은 주민들의 생활수준을 높여 주었고 Community와 에너지의 보존에 대한 의식을 일깨워 주었다. 생활수준이 떨어지고 주변 환경에 불만족스럽다면 마을에 대한 애정이나 주인의식이 나타날 수 없다.

마을의 중심공원

농촌마을과 같은 분위기

Village Homes의 다양한 과수원과 포도밭 이외에도 각 가정들은 집 바로 앞에 공용 녹지를 가지고 있다. 거주자들은 자연을 집 앞에서 바로 느낄 수 있고 자연과 더불어 사는 경험을 할 수 있다. 비록 대부분의 집들이 도로에 면하고 있지만 울타리와 회반죽의 벽, 관목들이 도로와 집들 사이에서 도로를 따라 개인의 안마당을 형성하고 있다. 좁고 긴 Cul-de-sac은 골목길로서의 역할을 한다. 이런 배열들은 기존주거지의 쓸모없던 잔디밭을 대체하였다.

Open Space

Village Homes의 집들은 도로로 향하는 동향으로 하기 보다는 넓은 개인공간과 공용공간으로 조합된 공간을 바라보고 있다. 이것은 상당한 Open Space를 제공한다. 어떤 집들은 과수원과 정원, 또는 포도농장 등이 보이기도 한다. 마을 설계지침으로 이러한 공간에 울타리를 설치하는 것이 금지되어 있다. 하지만 생울타리, 나무, 관목으로 어느 정도의 프라이버시를 느끼게도 한다. Village Homes의 집들은 다른 전원도시 지역보다 도로에 근접해 있고 서로의 집들끼리 근접해 있다. 하지만 적절한 생울타리와 녹화로 집 안에서는 자동차의 통행이 보이지 않고 과수원 등의 녹지만 바라봄으로써 마치 정원에서 살고 있다는 느낌을 받을 수 있다.

Water Conservation

물을 절약하기 위해서 Village Homes에서는 가뭄에 강한 식물의 사용을 강조하고 물소비가 많은 식물의 수를 줄였다.

생태적인 조경경관

Economic Sustainability

Profit from Community

Village Homes에서 모든 상업 건물과 아파트, Community Center 그리고 경작지와 공용 녹지 등은 모두 Homeowner's Association이 소유하고 관리한다. 이들은 사무용 건물이나 아파트의 임대료 경작으로 생긴 수확물과 수익금을 공정하게 분배하고 공동체의 발전을 위한 기금으로 사용한다. 또한 공동체 안의 상업지역이나 보육원 등에서 일자리를 구할 수도 있다. 결국 주민들은 Village Homes 내에서 경제적인 기반을 두며 살 수 있는 것이다.

Additional Economic Effects

Village Homes에서는 대부분 자전거나 보행으로 이동을 한다. 위에 언급한 자동차 보유 수치에서도 알 수 있듯이 주민들은 자동차의 구입이나 유지비용을 줄일 수 있다. 또한 야채나 과일 등의 양식들이 마을에서 자체적으로 충족되기 때문에 주민들의 생활비도 줄임으로써 공동체 안에서 어느 정도까지는 자급자족할 수 있는 기반을 갖추고 있다. 또한 태양열 에너지 사용과 다양한 Natural Heating & Cooling System으로 Davis시의 다른 지역보다 에너지 사용요금을 1/2 ~ 1/3 수준까지 낮출 수 있었다.

Village Homes에 정착한 소수민족과 경작지 모습

Village Homes에 대한 평가

Innovative & Foreseeable Planning

Village Homes는 New Urbanism 운동의 가장 성공적인 사례로 꼽힌다. 또한 이 공동체는 지속가능하고 환경친화적인 개발의 대표적인 예가 되었다. Village Homes 건설에 있어서 대부분의 요소들이 Corbett 부부가 구상한 원래의 계획대로 설계되었고 경제적인 성공뿐만 아니라 이후의 전원도시나 기타 도시들의 개발에 적지 않은 영향을 끼쳤다. Village Homes의 사례에서 증명한 바와 같이 Davis 시에서는 도로의 요구 폭을 줄였고 시의 다른 지역에서는 Village Homes의 태양에너지 사용방식을 채용하였다. Village Homes를 방문했던 International City Management Association의 한 관계자는 이 공동체의 혁신적인 면과 이동성에 초점을 맞추면서도 시와 정부의 관계자들을 설득시킨 개발자의 추진력에도 높은 평가를 내렸다.

Concerns about Village Homes

20년간의 공동체 운영으로 태양열 에너지의 활용은 효율적으로 작동하는 것이 입증이 되었고 일부 가정에서는 태양열 온실을 추가로 설치하는 경우도 생겼다. 또한 자연 배수처리 시스템도 몇 년간의 시험으로 일반적인 강우량에는 효과적으로 대처한다는 것을 알게 되었다. 참고로 Village Homes 완공 후 2차례 정도의 폭우에서 Davis시의 다른 마을과 달리 Village Homes의 도로는 범람하지 않았다.

Paradise for Children

Village Homes는 아이들에게 더할 나위 없이 좋은 환경을 제공한다. 아이들은 자동차로부터의 위험에서 벗어나 자연과 함께 숨쉬며 생활할 수 있다. 실제로 Corbett 부부는 Village Homes 계획당시에 어린 아들을 키우고 있었으며 아이들을 위한 공동체가 설계 개념에 포함되어 있었다. Village Homes에서 두 명의 자녀를 키운 한 주민은 아이들을 키우는데 한 가지 부족한 점은 아이들이 성장하고 이 곳을 떠났을 때 세상이 모두 Village Homes 같지 않다는 것을 깨우치게 하는 것이라고 말했다.

최근 상황

Village Homes는 개발 단계에서부터 비교적 성공적인 Community의 구현이라는 평가를 받았었다. 지금도 Homeowner's Association이 구성되어 공동체의 이익을 추구하고 있고, 거주자들의 만족도 또한 그 어느 지역보다 높다. 하지만 Village Homes의 가치가 높아지면서 초기에 계획했던 다양한 소득계층과 연령층이 공존하는 Community에는 다소 문제가 생겼다. Village Homes는 Davis 시 어느 곳보다 높은 집값을 보이고 있어 저소득층이 더 이상 입주하기는 어려워 보인다.

경제적인 측면에서도 Village Homes의 주민들은 주변 마을의 사람들보다 약 50% 정도의 에너지 비용을 절약한다. 또한 1990년의 조사에 따르면 Davis 시의 주변 마을과 비교해서 자동차 연료는 36%, 전기사용은 47%, 가스사용은 31%만을 소비하는 것으로 나타났다. Village Homes의 가치를 간접적으로 평가할 수 있는 부분은 이 공동체 내의 집이 Davis시의 다른 집들보다 더 값비싸게 거래되고 있다는 점이다. 일반적인 집보다 입방ft 당 11달러 정도의 높은 가격에 거래된다.

Village Homes에서는 집에서 가까운 공원에는 1분, Community Center에는 3분 정도면 도달할 수 있다. 그만큼 사람들 간에 교류하고 만날 수 있는 기회가 많아지는 것이다. 그 결과로 Village Homes의 주민들은 Davis 시의 다른 지역 주민들이 그들의 이웃을 17명만 알고 있는데 반하여 42명의 이웃을 알고 지낸다. 또한 Village Homes의 주민들은 일주일에 3.5시간을 이웃들과 보내고 4명의 가장 친한 친구를 같은 공동체 내에서 가지고 있다(Davis 시의 다른 지역은 각각 0.9시간과 0.4명이다).

LAGUNA WEST Sacramento, California, USA
라구나웨스트, 캘리포니아, 새크라멘토, 미국

LAGUNA WEST, Sacramento USA

위치 | Sacramento, California, USA

개발면적 | 1,045acre (약 130만평)

총주택수 | 3,400호

설계자 | Peter Calthorpe

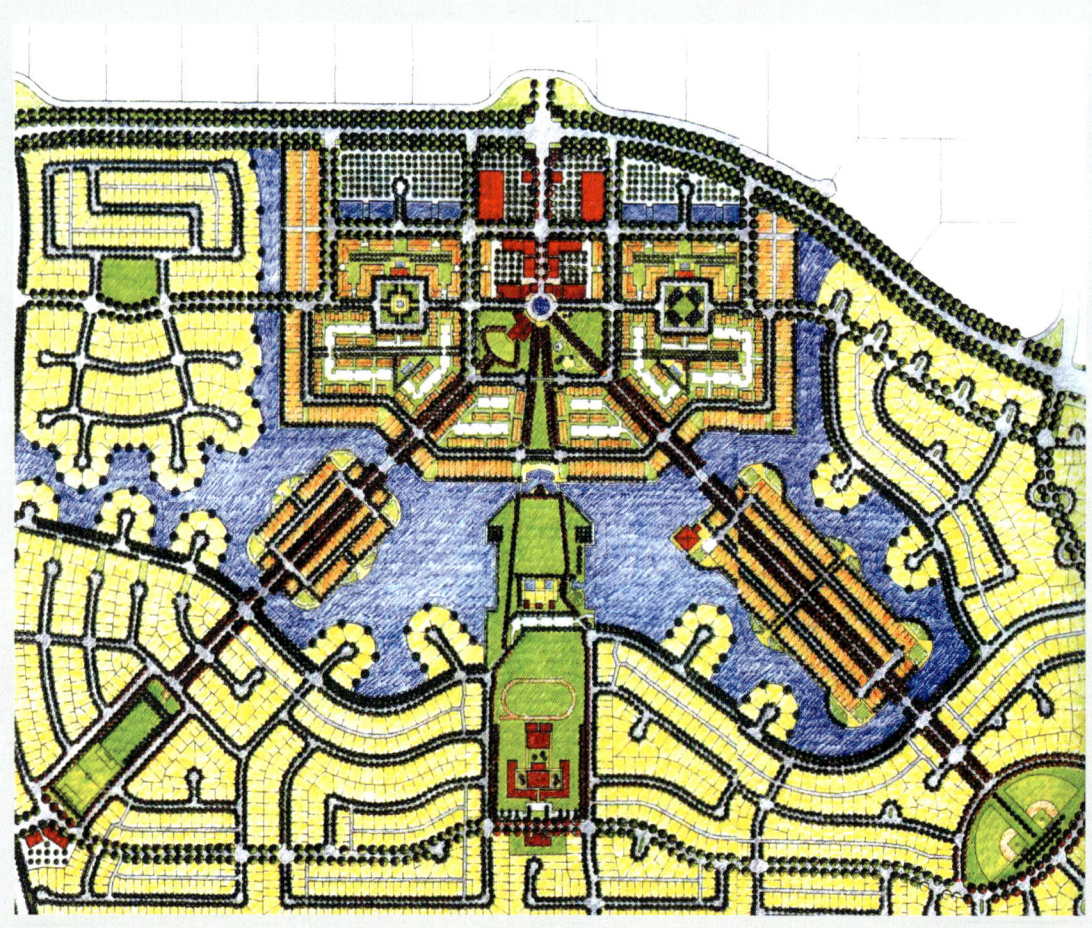

라구나웨스트 배치도

계획개요

라구나 웨스트는 New Urbanism 대표주자인 Peter Calthorpe의 TOD(Transit Oriented Development) 이론에 따라 만든 최초의 주거단지로 미국 캘리포니아의 주도인 Sacramento 시에서 남쪽으로 18km 떨어진 지점에 위치한 신개발지이다. 기존의 구시가지가 Laguna East이기 때문에 Laguna West라는 이름이 붙여졌다.

총면적 1,045acre(약130만평)에 3,400가구를 계획한 대규모 단지로, 중앙의 공원을 중심으로 방사형의 도로가 전체를 관통하고 있고, 중앙에 수변공간 조성으로 환경친화적인 이미지를 제고하고 있다.

도시공간구조

New Urbanism이론에 따라 계획되어 실현된 드문 사례 중의 하나이다. TOD이론에 따라 새크라멘토에서 경전철을 연결하고 경전철역을 중심으로 반경 400m내에는 중심상업업무시설과 고밀도 주거를 계획했다. 이와 같은 의도는 경전철에서 보도권역내의 주거지역에 거주하는 입주자들은 걸어서 대중교통수단에 접근하는 것은 물론 중심상업지역에의 접근 등 모든 일상생활을 보행으로 해결하는 것을 전제로 한 것이다.

또한 3개로 뻗은 방사선도로는 모두 도시중심지로의 접근성을 제고시키기 위한 것이며, 외곽에는 단독주택단지와 근린생활시설을 배치하였다.

그러나 경제성의 이유로 경전철이 설치되지 않았고, 중심지인근에 토지를 분양받은 건설주체에서 고밀도의 공동주택은 분양성이 없다는 이유로 중심지 인근이 개발되지 않아 대중교통위주의 TOD 이론에 대한 검증이 어려운 상태이다. 현재 외곽의 단독주택은 대부분 개발되어 주로 자가용을 교통수단으로 이용하고 있다.

따라서 중심지구, 고밀도 지구가 미개발되어, 중심지구 고밀개발에 의한 보행친화성 및 대중교통 활성화 여부는 미지수 이다. 또한 고밀도 지구의 개발자가 단독주택으로 개발하기를 원할 정도로 고소득층이 입주하고 있다. 따라서 고소득층과 보행, 대중교통을 어떻게 조화시키느냐가 큰 과제이다.

호수가에서 낚시를 즐기는 주민들

친수공간설계

친수공간인 호수를 도시의 내부에 대규모로 조성하여 삭막할 수도 있는 신도시의 청량제역할을 충분히 하고 있다. 호수변 주택의 경관은 전반적으로 양호하며, 호수가의 주택은 Water front계획으로 보트 정박장 등을 만들었다. 그러나 주택의 형태가 획일적이며, 호수가의 자연적 세팅이 미흡하다. 또한, 호수 근처를 한 바퀴 순환할 수 있도록 디자인 되어 있을 것 같지만, 집앞을 사유화하여 호수변 순환로가 중도에 끊어지는 문제도 발생했다.

호수가에 정박중인 모터보트들과 친수공간전경

호수가의 단독주택경관

친수공간 원경

도시경관

맑고 파란 캔버스에 흰 물감으로 구름을 살짝 그어놓은 듯한 호수가의 배경은 매우 아름다웠지만, Uniform한 주택들이 줄지어 있는 모습은 그림같고 평화로웠지만 사람들이 사는 활력있는 주거지로는 느껴지지 않았다. 전반적으로 삭막하고 건조한 느낌이 들어 설계자의 New Urbanism 이론 및 주장과 실제는 상당한 차이가 있는 것으로 판단된다. 최근에는 커뮤니티 활성화 수준이 미비하여 청소년 범죄가 차츰 증가하고 있다.

방사형 도로경관

중심부의 공공시설

미개발된 중앙부근의 고밀도 주택용지

동선체계계획

방사형으로 계획된 차도는 시각적으로 한정됨이 없어 차량위주로 설계되었다는 느낌이 들며, 주거단지내의 국지도로들도 미국의 다른 도시보다는 좁게 계획했지만 여전히 차도폭이 넓고 차량이용위주로 되어 있어, 자동차 중심의 미국의 주거문화를 그대로 들어내고 있다. 따라서 대중교통 중심 및 보행친화적인 보행체계의 실패는 넓은 차도로 인한 자동차 중심의 문화가 형성된 것에 원인이 있다고 볼 수 있다. 중정도 차량중심으로 구성이 되어 있는데, 이는 주민들의 소득수준에도 영향을 받은 듯 하다.

전반적으로 획일적인 경관을 초래하였으며, 이는 기하학적이고, 넓은 도로폭과 빈약한 조경에 기인하는 것으로 판단된다. 즉, 길, 녹지 구성 등이 Human Scale과는 거리가 멀어, 장소성, 영역성, 쾌적성 등이 부족하다. 따라서, 기하하적 축과 도형에 의존한 도시설계는 정감있고 장소성 있는 도시공간을 창출하는데는 미흡한 것으로 볼 수 있다. 한편, 단독주택단지에서 상가 및 중심까지 도저히 걸어다닐 수 있는 거리는 아니므로 큰 도시의 계획에 있어서는 다핵구조가 바람직한 것 같다.

거주자 Interview 내용(서쪽 호수 끝자락에 위치한 주택)

- 직업은 Food Manager로 직장에는 차를 타고 출근하고 있다. 연봉은 $74000/년 정도로, 이전에는 Hayward에 거주했음
- 동쪽 호수는 7,8년 전부터 정화를 하여 수영을 할 수 있을 만큼 Eco-Balanced 되었으나, 서쪽호수는 제대로 관리가 되고 있지 않음
- 중심부가 High-Density 로 계획되어 있으나, developer 는 단독주택을 원하고 단독주택만이 팔리지만, 용도변경이 되지 않아, 개발을 하지도 못하고 빈땅으로 방치되고 있음
- 10%만이 통근버스를 타고 출근하고 있을 정도로, 통근버스는 매우 드물게 운행하고 있다.
- Town Hall이 있어 여러 가지 행사를 열고 있다(Wedding, 연예인 초청행사 등). 그러나 이곳에서 열리고 있는 행사에 주민이 자주 참여하고 있지는 않고 있어, 실제로 커뮤니티의 중심으로서의 역할은 못하고 있다. 인터뷰한 사람도 이곳에는 한 번 정도밖에 안 갔다고 한다.
- 현지에 있는 교회는 그리스 정교로 이 마을 사람들이 가는 곳이 아니다.
- 임대료는 비싸지 않지만 유지비가 많이 들어 결국에는 도시중심에 사는 것과 차이가 없다(물가가 도시중심보다 2배 이상 비싸다).
- 집값은 $170,000 정도이다(작은집).
- 관리조합에서 조경과 물을 관리하고 있다(분기당 $40의 유지비를 내고 있음).
- Sunset이 매우 아름답다.
- 범죄율은 입주초기에 비해 17% 정도 상승하였다.
- Community Spirit이 점점 약해짐(마약, 성범죄, 경적소리와 High-Speed로 달리는 차량, 호수가에 조성한 Parking-lot에서 이루어지는 각종 범죄가 문제이다. 그러나 경찰은 꼭 군인같이 고압적이고 사무적인 태도만을 유지하고 있다).
- 4마일 떨어진 인근마을에서 범죄가 증가해서 걱정하고 있다.
- 집값이 두 배로 (5-6전에 비해) 상승
- 교차로 및 국지도로 회전부분에 나무를 심은 것이 교통사고의 위험이 있다.

New Urbanism

신전통주의(Neo traditionalism)의 형성배경

모더니즘의 시대의 전통주의(Traditionalism)에 대한 논의는 까밀로 지떼(Camilo Sitte)로부터 시작한다. 지떼는 당시의 바로크적 도시계획이 주류를 이루는 공간구조보다 중세의 도시공간이 더 아름답다는 새로운 시각을 제시하면서 자신의 미학을 논리적으로 밝혀, 도시계획을 휴먼 스케일(Human Scale) 레벨로 끌어당겼다. 지떼의 이론이 모더니즘 시대에 큰 반향을 일으키지는 못하였지만, 언윈(R. Unwin)과 같은 영국의 계획가는 지떼의 이론에 큰 감명을 받아 햄스테드(Hampstead Garden Suburb)를 계획할 때, 중세의 도시공간구조를 응용하여 아름다운 도시공간을 창출하는데 성공하였다.

그러나 모더니즘은 과거의 전통에 반기를 들고 시작된 운동이었던 만큼, 과거의 전통을 계승하여 디자인하는 행위를 죄악시하였다. 모더니즘의 도시계획기법은 단일용도의 조닝(Single Land-Use Zoning), 간선도로로 둘러쌓인 슈퍼블럭(Superblock), 공원속의 타워(Tower In The Park)등으로 대표되는데, 모두 이전의 전통적인 도시와는 다른 새로운 주거문화를 선도할 것으로 기대하였고, 2차 대전이 끝나기 전까지 모더니즘의 이상향에 반추의 여지는 없었다.

프루트-이고 아파트의 폭파로 모더니즘의 종말을 예고하기 전, 모더니즘을 반성해 볼 수 있는 기회는 미국에서 시작되었다. 제인 제이콥스(Jane Jacobs)는 'The Death and Life of Great American Cities(1961)'를 통해 기능분리가 낳은 Sprawl 현상을 강도있게 비판하였고, 과거의 고밀화되고 용도혼합(Mixed-Use)된 도시가 삶을 얼마나 풍요롭게 하였는지를 예찬하였다. 제인 제이콥스를 필두로 한

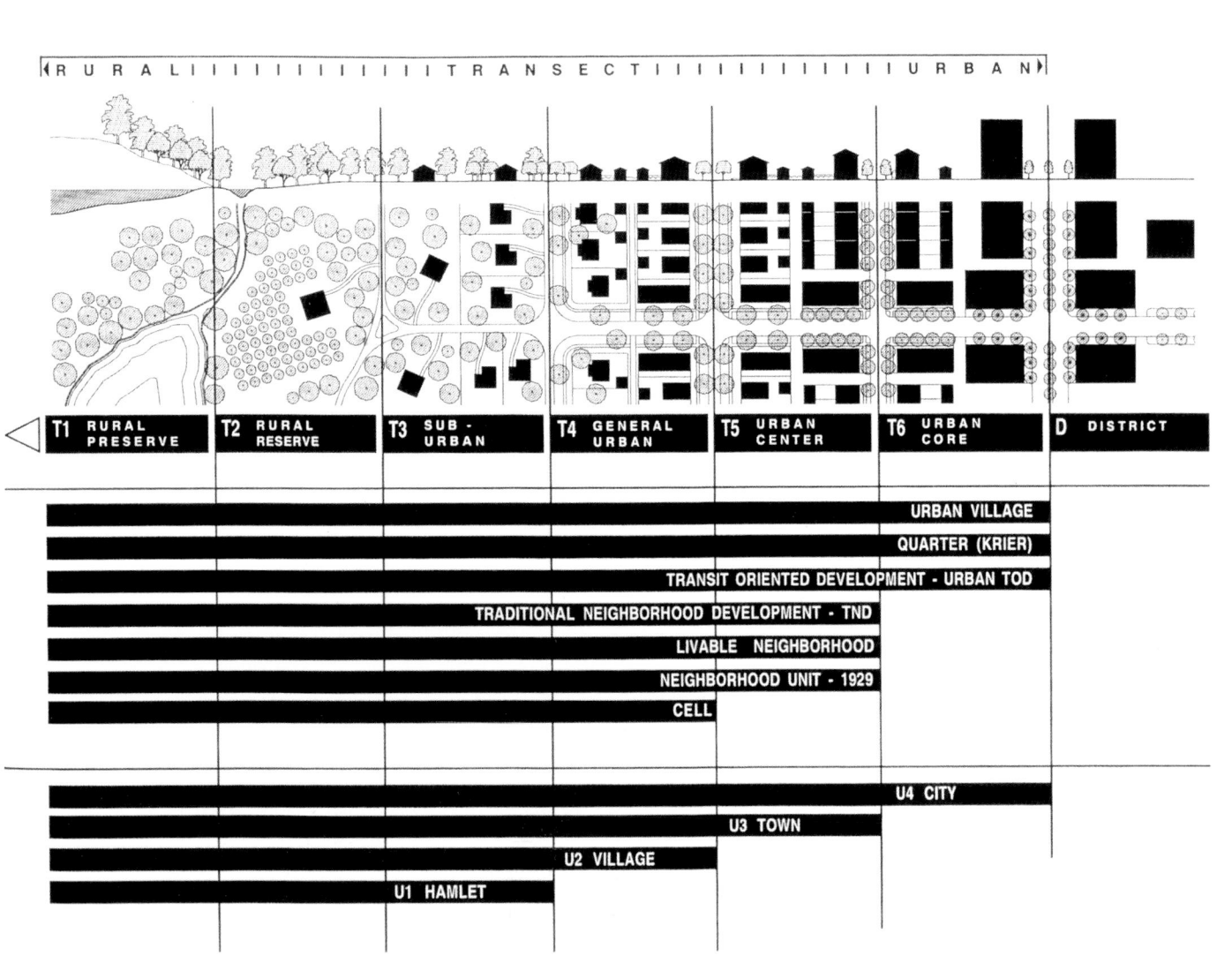

이러한 주장을 '어바니즘(Urbanism)'이라고 한다. 어바니즘을 주장한 이들이 제기한 모더니즘의 문제점은 주거로부터 기타 용도를 분리하여 공동체의 유대를 단절시키고, 커뮤니티 활동의 중심적인 역할을 하였던 가로 공간은 차량이 이동하는 통로로 전락하게 되었으며, 공원, 광장 등 오픈스페이스는 학교, 도서관, 우체국, 시청 등 공공건물과 분리되어 이용성이 저하됨으로 범죄율을 증가시킨다는 것이었다.

따라서, 근대 모더니즘의 반 도시성을 극복하고 가로, 광장, 오픈스페이스 등 공공공간의 의미와 역할을 되찾음으로써 커뮤니티 활성화를 회복하고자 하였다.

어바니즘은 멈포드(L. Mumford)와 같은 주류 건축가 그룹에게 강한 비판을 가하였다. 그러나 이렇다할 물리적인 결과물을 내놓지 못한 채 하나의 사회이론으로서 작은 의미만을 지닌 사례로 남게 된다. 비록 문제가 없던 것은 아니지만, 모더니즘은 한번쯤 자신의 위치를 반성할 기회를 가졌다는 점에서 매우 의미깊은 사건이었다. 특히 커뮤니티(Community)를 회복하자는 이슈가 제기되었다는 것은 90년대 계획이론에 대한 예고편이었다.

전통주의가 다시금 활발히 논의되기 시작한 것은 오랜 역사도시를 많이 가지고 있는 유럽이었다. Rob Krier가 지떼의 유산을 물려받아 유럽 중세도시의 공간구조를 전수조사하여 발표한 도시공간이론(Urban Space)은 건축의 새로운 조류로 받아들여졌고, 그의 동생 Leon Krier가 미래의 이상도시 도집 Atlantis를 발간하면서 신전통주의(Neo-Traditionalism)라는 이름의 건축운동은 활발히 전개되었다. 이후 신전통주의 이론은 New Urbanism과 Urban Village와 같은 이론으로 자리매김을 하게 되었다.

신전통주의와 지속가능한 개발

1976년 환경과 인간정주에 대한 최초의 회의 Habitat I이 캐나다 뱅쿠버(Vancouver)에서 개최되었다. 이때부터 진행된 인간의 삶의 질 향상에 대한 논의는 1987년 WCED(World Commission Environment and Development)의 지속가능한 개발(Sustainable Development)을 거쳐 Rio회의, Habitat II를 거쳐 더 정교화 되어가고 있다.

이러한 주류회의 외에 지속가능한 개발(이하 SD)의 개념은 도시분야에서는 80년대에는 이미 사회적 지속성을 중심으로 삶의 질 향상을 위한 Community 설계이론이 미국과 영국에서 연구되기 시작하였다. 여기에 경제적, 환경적 지속성의 개념이 맞물리면서 전통적 도시공간을 연구하는 신전통주의 이론이 주목을 받게 되었다.

신전통주의 이론은 20세기 모더니즘에 대한 반향으로 옛 도시가

주택 오피스 상가 등 다양한 용도가 혼합되어있어 활력이 있으며, 도시패턴을 그리드 형태로 긴밀하게 연결하고 있으며, 가로체계는 보행자와 공존하는 사람들이 살 만한 매력적인 장소를 형성한다는 것에 착안하여 전통적인 도시 형성 원리들을 유추하여 현대의 도시 여건에 맞도록 재구성한 설계이론이다. 여기에 지속가능한 개발의 개념이 추가된 지속가능한 커뮤니티 이론에서는 현대의 기능분리에 의한 친숙하지 않은 외부공간, 직장과 레져, 집이 분리되어 약화된 커뮤니티 의식, 차량이용의 증가로 인한 교통혼잡과 대기오염등의 문제를 제기하여, 보행중심이 되는 장소성이 있는 휴먼스케일의 고밀도시를 창출하는 것이 목적이다.

지속가능한 개발이 주목하고 있는 신전통주의는 과거의 도시공간구조가 보행중심이라 에너지 절약적이고 혼잡이 없으며, 도시공간은 휴먼스케일로 조성되었으며, 광장과 랜드마크와 같은 장소성있고 친숙한 도시공간을 창출하고 있다는 것이다. 이러한 도시공간을 만드는 원리는 혼합된 용도(Mixed-Use), 직주근접, 적정한 도시의 규모, 건물과 가로의 스케일, 구불구불한 도로, 인지성 높은 공간등이다.

미국에서는 1991년 아와니 선언(Ahwahnee Principles)을 기반으로 New Urbanism이, 영국에서는 1992년 찰스황태자의 Ten Principles 의 발표를 시발점으로 Urban Village 캠페인이 새로운 국가적 계획의 조류로 자리를 잡고 있다. 이들은 지역적인 차이와 함께 몇가지 차이점에도 불구하고, 서로간에 영향을 주고 받고 있기 때문에, 계획원리는 서로 많은 유사점을 가지고 있다.

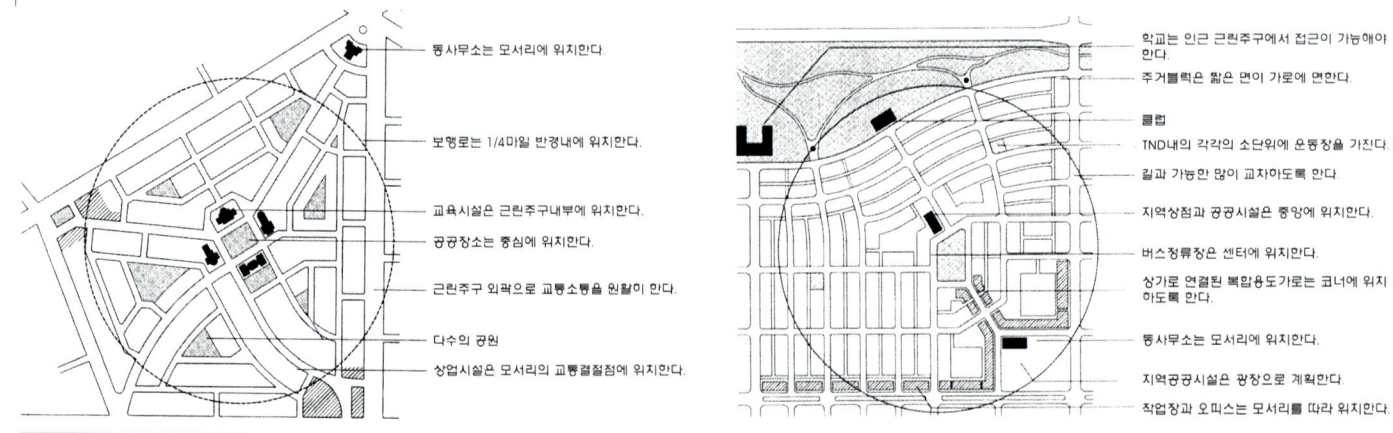

근린주구이론과 TND이론의 개발패턴 비교

New Urbanism의 개념

뉴어바니즘은 미국에서 1980년대 후반부터 미국의 도시 및 지역 개발의 문제를 환경계획 및 설계를 통하여 해결하고자 하는 일련의 건축도시계획운동을 지칭하는 말이다. New Urbanism은 가정생활, 직장, 교육, 상업, 여가 시설 등의 도시생활에 필요한 요소들을 컴팩트하고(compact), 걸어다닐 수 있을 정도의 거리에 위치시키며(walkable), 복합용도의 근린지역(mixed-use development)을 대중교통으로 연결하여 통합하기 위한 미국식의 도시개발 전략을 통칭한다.

이것은 60~70년대 저밀도 도시외곽으로의 스프롤 현상에 대한 대안으로 80년대에 처음 등장했으며 초기에는 소위 "Neo traditional planning"이라는 이름으로 불렸다. 이렇게 불렸던 이유는 이러한 개발방식이 2차 대전 이전의 도시패턴에 기초를 두고 있었기 때문이다. New Urbanist들은 여기에 교통감소과 토지의 효율적 이용, 그리고 자원사용의 저감등에 대한 사고를 발전시켰다.

아와니 선언(Ahwahnee Principle)

Ahwahnee Principle은 기존의 도시 및 교외개발이 삶의 질을 위협한다는 가정아래 환경친화적인 도시구조속에서 커뮤니티를 되살리기 위한 법칙을 선언한 것으로 Peter Calthorpe, Micheal Corbett, Andres Duany, Elizabeth Moule, Elizabeth Plater-Zyberk, Stefanos Polyzoides가 주축이 되어 발표한 것으로 1991년 미국 지방정부위원회가 요세미티 공원의 아와니 호텔(Ahwahnee Hotel)에서 개최한 컨퍼런스에서 제정된 원칙을 말한다.

이 원칙은 크게 커뮤니티에 관한 원칙(CP; Community Principles), 도시지역에 관한 원칙(RP; Regional Principles), 실행에 관한 원칙(IP; Implementation Principles)등으로 구성되어 있다.

커뮤니티에 관한 원칙은 주택, 상점, 직장, 학교, 공원 그리고 도시공공시설들을 포함하는 완전하게 통합된 지역공동체를 형성할 것을 제 1원칙으로 내세우고 있다. 그리고 이를 위한 커뮤니티의 범위, 경계, 토지이용, 생활등이 모두 보행권에 초점이 맞추어서 있다.

지역에 관한 원칙은 대중교통을 중심으로 한 교통체계에 통합되

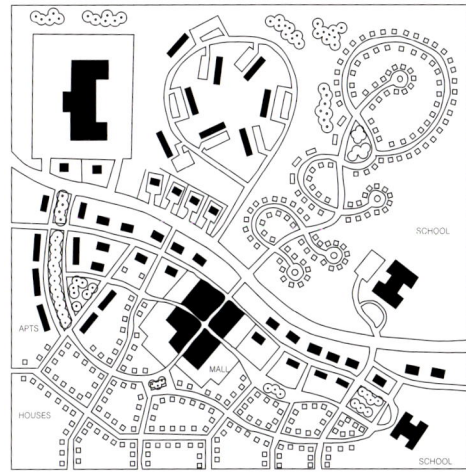
뉴어바니즘 도시와 기성개발방식의 차이

어 개발될 것을 주장하고 있고, 이 때 그린벨트 및 야생동물 이동통로와 같은 자연경계로 둘러싸인 생태적 시스템을 유지하도록 하고 있다.
이러한 원칙들이 상위계획과 통합되어 지방정부가 그 프로세스를 관리하도록 하고 있다. 아와니 선언의 주요내용은 다음과 같다.

1. 모든 개발은 일상생활에 필요한 필수 요건인 주택, 상가, 일터, 학교, 공원 그리고 도시 기반시설 등을 갖춘 완전한 형태여야 한다.
2. Community의 크기는 주택과 일터 그리고 일상생활과 기타 활동이 서로 쉽게 교류할 수 있는 범위에서 결정되어야 한다.
3. 가능한 모든 행동들은 교통수단과 도보로 연결될 수 있는 거리에서 이루어져야 한다.
4. 다양한 소득 계층과 연령층의 사람들이 마을 울타리 안에서 살 수 있도록 다양한 주거 형태를 갖추어야 한다.
5. Community 안에서의 수익사업은 거주민들을 위한 직업을 제공할 수 있어야 한다.
6. 대중교통이나 도로체계와 잘 연계가 되어 있는 지역에 위치해야 한다.
7. 상업적, 도시적이고 문화적인 요소가 결합된 중심지역을 가지고 있어야 한다.
8. 주민들에게 정방형의 Open Space와 자주 사용되는 녹지와 공원을 제공해야 한다.
9. 공공장소는 거주자들이 밤낮으로 어느 때나 관심을 갖고 다가갈 수 있도록 설계되어야 한다.
10. 각각의 Cluster는 이후의 발전에도 보존되어야 하는 농경지나 녹지같은 잘 정돈된 완충지를 갖추고 있어야 한다.
11. 도로와 인도, 자전거도로는 어떠한 방향으로든 연결될 수 있어야 한다. 이런 도로계획은 자동차 운행의 속도를 감소시킴으로써 보행과 자전거의 이용을 촉진시켜야 한다.
12. 자연지형과 자연배수, 녹초 등은 공원과 녹지 안에 보존되어야 한다.
13. Community의 계획은 자원을 보존하고 쓰레기를 최소화하는 방향으로 진행되어야 한다.
14. Community는 자연배수 시스템과 가뭄에 저항성이 있는 식생들과 재활용 등으로 충분한 양의 물을 제공해야 한다.
15. 도로의 방향과 건물의 위치, 차양 등은 Community의 에너지 효율을 증가시킬 수 있어야 한다.

New Urbanism Principles

1. **보행성 (Walkability)** 집터와 일터는 10분 이내의 거리에 위치하며, 보행자 위주의 가로 설계가 중심이 되어야 함
2. **연결성 (Connectivity)** 상호 연결된 격자형 Network는 차량 흐름을 분산시키고 보행을 용이하게 함
3. **복합용도 개발 (Mixed-Use)** 한 부지에 상점, 오피스, 아파트 그리고 주택이 혼합되며, 근린주구와 블록, 건물 내에 복합기능을 제공
4. **다양한 주택 (Mixed-Housing)** 가까운 근접 거리 내에서 다양한 범위의 형태, 크기 그리고 가격의 주택을 보급하여 선택의 폭을 넓혀줌
5. **높은 질의 건축과 양호한 도시설계 (Quality Architecture & Urban Design)** 미적인 측면과 쾌적한 환경을 강조하며, 휴먼 스케일의 건축으로 삶의 질을 향상
6. **전통적 근린주구 (Traditional Neighborhood Structure)** 인식 가능한 중심과 모퉁이 (edge) 그리고 10분 거리 내의 사용과 밀도를 포함
7. **지속가능성 (Sustainability)** 개발과 운영에 대한 환경적 영향을 최소화하고, 이를 위해 한정된 연료의 적은 사용과 지역생산의 증가

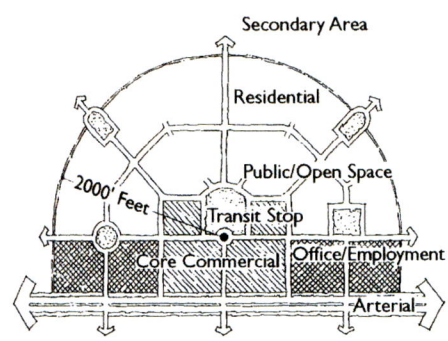

TOD 토지이용계획 개념도

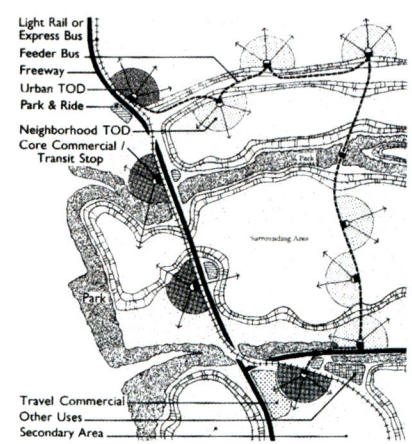

광역적 TOD 패턴

New Urbanism의 주요 계획기법

뉴 어바니즘의 계획기법은 몇 가지로 나누어지지만, 그 중 가장 특징적인 두 가지 계획기법은 TND와 TOD라고 할 수 있다. 또다른 주요 계획기법인 MUD(Mixed-Use Development)는 TND와 TOD의 기본적인 계획기법으로 포함되어 있다.
 이들의 이론은 유사하지만, 이론이 발전함에 따라 TND는 근린 디자인의 차원에서 TOD는 교통과 연관된 도시의 광역체계의 차원에서 이해할 수 있다. 이 밖에 초기에 등장했던 Pedestrian Pocket이 있다.

1) TND(Traditional Neighborhood Development)

TND는 Andres Duany, Elizabeth Plater-Zyberk가 제시한 보행중심적 커뮤니티와 장소성 있는 도시를 만들고자 하는 이론이다.
이들은 미국 주거지 개발의 전형적인 특징을 찾아내고자 하였는데, 기존의 미국 도시들의 10%가 PUD(Planned Unit Development)에 따라 개발되었다는 결론을 얻었지만, 이것이 주거지로서 적절치 못한 밀도와 규모를 가지고 있어, 정주지로서의 조건이 충분치 못하다고 판단하여 마을 중심으로부터 반경 1/4mile(도보로 5분 이내의 거리)의 크기를 갖는 Unit로 설계를 하고자 한 것이다.
마을의 크기는 2차대전 이전의 남부 캘리포니아에 있던 마을을 대상으로 하였고, 당시 계획이 격자형이었기 때문에 도시구조 또한 격자형 도로망을 채택하여 선택의 가능성을 높였다.
TND의 큰 특징중의 하나가 상세한 설계지침을 제시하여 도시환경을 법적으로 강력하게 규제하였다는데 있다. Lexicon이라고 부르는 디자인 지침은 12개의 항목으로 이루어져 도시차원에서부터 건물에 이르기까지 상세한 디자인 가이드라인을 제시하여 아이덴티티가 강한 도시를 만들어 내는 것이 목적이다.

2) TOD(Transit Oriented Development)

Peter Calthorpe가 제안한 이론으로 무분별한 교외지역확산을 중심성있게 고밀개발을 하기 위한 기법이다. TOD는 경전철, 버스 등과 같은 대중교통수단의 결절점을 중심으로 근린구주를 개발하는 기법이다.
TOD는 TND에 비해 건축적인 자세한 지침은 없으나 주택가격을 조정하여 다양한 주거형태를 제공하고 미국적인 커뮤니티를 재

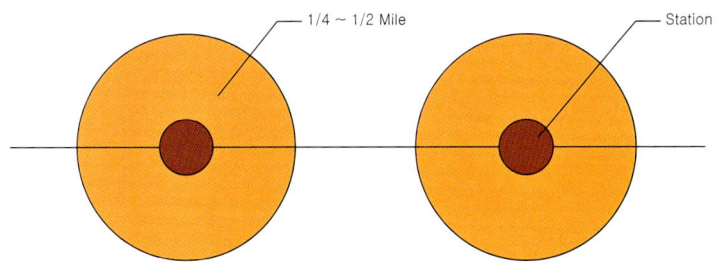

TOD 개념모델1

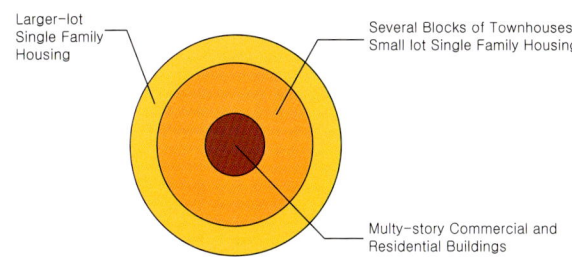

TOD 개념모델2

생하려 한다. TOD는 기차 중심, 자족성, 새로운 커뮤니티의 건설을 통해 확장한다는 측면에서 하워드의 전원 도시론과 공통점이 있다.

TOD모델은 주도로를 따라 소매상점과 시민센터 그리고 레크레이션 관련시설, 직업센터들이 다양한 주거형태를 위해 저층이면서 중간밀도 정도의 주거를 계획하는 것이며 걸어 다니기 쉬운 규모의 커뮤니티를 말한다. 이 모든 시설은 중앙의 버스 정거장 또는 철도 운송 시스템을 중심으로 반경1/4mile~1/2mile내에 있는 것이다.

TND의 원칙

1. 네이버후드는 독립적인 센터를 가져야 하며, 광장, 녹지 또는 붐비는 교차로에 위치해야 한다. 또한, 대중교통도 이 센터에 위치한다.
2. 모든 거주자는 걸어서 5분 거리에 센터에 도달할 수 있어야 한다.
3. 네이버후드에는 다양한 타입의 주거가 있어야 한다.
4. 네이버후드의 에지(edge)에는 상점과 오피스가 위치하고 있다.
5. 초등학교는 아이들이 걸어서 다닐 수 있을 정도의 거리에 위치해야 한다.
6. 모든 주거단위에는 작은 운동장이 매우 가까운 거리에 위치해야 한다. 거리는 1/8 mile(약 200m)이내이다.
7. 가로는 격자형으로 연결된 가로여야 한다. 이것은 선택의 다양성과 교통량을 분산시킨다.
8. 가로는 상대적으로 좁아야 하고, 열식수목으로 그늘을 형성해야 한다. 이는 교통류의 속도를 감소시키고, 보행자와 자전거 탑승자의 안전을 제고한다.
9. 차고는 길의 후면에 위치하도록 하고, 소로를 통해 접근이 가능하도록 한다.
10. 눈에 잘띄는 사이트에는 중심건물을 위치시킨다. 여기는 만남, 교육, 종교, 문화시설 등이 위치하며, 시각을 한정하거나, 근린주구의 센터에 위치하도록 배치한다.
11. 근린주구는 자족적으로 운영되도록 조직한다.

City of Helsinki 제공CD
p.11 비키지역 전경
p.12 비키신도시 배치도
p.14 사이언스파크 전경, 인포센터 경관, 거리이미지
p.15 가드니아 내부모습, 공동텃밭
p.16 Latokartano 주거단지 배치도
p.26 SUNH 배치도
p.27 주거동 평면도, 같은 규모의 융통형 평면예시

Towards a Sustainable City (Finnish Association Architects, 팜플렛)
p.29 NORKKOKUJA 단지 이미지
p.31 주거동 경관이미지
p.32 북측 주거동의 전용정원

Ecological Urban Living, Viikki (City of Helsinki, 팜플렛)
p.18 다양한 소유관계의 혼합